中国地质调查局地质调查项目（DD20190652）支持

中国水资源开发利用研究

——基于对发达国家经验与规律的借鉴

闫　强　王庆伟　郝彩莲　等著

地质出版社

·北　京·

内 容 提 要

人类的文明起源于水，并因水而兴，水资源的开发利用是人类社会进步的重要基础和保障。本书首先简单阐述了中国的水资源开发利用现状和存在问题；其次在梳理典型发达国家水资源利用现状的基础上总结了发达国家用水规律，并据此构建了水资源需求预测方法体系，对中国未来30年的用水需求进行了预测，并剖析了未来水资源的结构变化及动因；最后针对中国水资源开发利用管理中存在的问题，结合典型国家相关先进管理经验，提出我国水资源管理的调整方向与对策建议。

本书可供从事水资源领域研究、规划、设计、管理、决策等专业技术人员、管理人员、教师、学生阅读与参考。

图书在版编目（CIP）数据

中国水资源开发利用研究：基于对发达国家经验与规律的借鉴／闫强等著. —北京：地质出版社，2023. 12

ISBN 978-7-116-13884-1

Ⅰ. ①中… Ⅱ. ①闫… Ⅲ. ①水资源开发—研究—中国②水资源利用—研究—中国 Ⅳ. ①TV213

中国国家版本馆CIP数据核字（2023）第221066号

ZHONGGUO SHUIZIYUAN KAIFA LIYONG YANJIU：JIYU DUI FADA GUOJIA JINGYAN YU GUILÜ DE JIEJIAN

责任编辑：杨 艺
责任校对：关风云
出版发行：地质出版社
社址邮编：北京市海淀区学院路31号，100083
电　　话：（010）66554528（邮购部）；（010）66554590（编辑室）
网　　址：https://www.gph.clmpg.com
传　　真：（010）66554686
印　　刷：北京地大彩印有限公司
开　　本：787 mm×1092 mm 1/16
印　　张：9
字　　数：216千字
版　　次：2023年12月北京第1版
印　　次：2023年12月北京第1次印刷
定　　价：45.00元
书　　号：ISBN 978-7-116-13884-1

前　言

水是生命之源、生产之要、生态之基，事关人类生存、经济发展和社会进步。我国水资源禀赋不佳，时空分布不均，人均占有量少，水土资源不相匹配。与发达国家相比，我国在水资源开发利用和管理中存在较为明显的不足：开发利用程度总体不高，水资源利用效率低，区域间水资源开发利用水平差异大，部分地区缺水严重；水资源管理体制不合理，法律制度不健全，水市场管理机制不完善，公众参与机制不健全等。鉴于往事，有资于治道。发达国家经过多年摸索，利用自身优势，推动了水资源利用与管理升级，取得重大成果，同时也存在一些不足。本书借鉴了国外典型发达国家水资源利用和管理经验，一方面针对我国水资源利用现状特点和发达国家用水规律，构建了水资源需求预测模型，对我国未来30年的用水需求进行了预测和剖析；另一方面针对我国水资源管理中的问题，在国外发达国家水资源管理的有益启示下，提出我国水资源管理的调整方向与对策建议。

本专著是地质调查项目“中国水资源生态配置及全球战略”（DD20190652）、河南省自然科学基金项目（242300421368）和国家自然科学基金基础科学中心项目“数字经济时代的资源环境管理理论与应用”（72088101）的成果应用与拓展。全书共5章，分别为中国水资源现状和面临的主要问题、中国水资源供应与结构、中国水资源利用现状、2050年中国水资源需求分析、中国水资源管理对策建议。全书由闫强、王庆伟、郝彩莲统稿，各章主要执笔人如下：前言由闫强、王庆伟撰写，第1章由闫强、郝彩莲撰写，第2章由蒋立、王庆伟、闫强撰写，第3章由蒋立、郭晓茜、郝彩莲、邢万里、范玉燕撰写，第4章由闫强、郭晓茜、蒋立、郝彩莲、邢万里撰写，第5章由郝彩莲、刘超、闫强、王庆伟撰写；邢夏帆、华萌亚、宋婷婷、杜博宇、倪晋鹏参与了部分章节的文字撰写及图表绘制。

项目研究期间，中国科学院地理科学与资源研究所、浙江理工大学、中国科学院遥感与数字地球研究所、南京水利科学研究院、中水北方勘探设计研究院、中国地质大学（北京）、中国水利水电科学研究院等单位为本次研究顺利开展提供了科学考察、数据、文献资料、基础研究、图件等支持，在此深表感谢！

在本书编纂过程中，引用了大量的论文、专著、研究报告及其他相关科技成果，在此谨向文献的作者致以深切的谢意！限于作者专业水平，加之时间紧迫，书中不足之处在所难免，恳请各位读者和同仁提出宝贵意见，以便进一步修正提高。

作　者

2023年10月

目　　录

第1章　中国水资源现状和面临的主要问题

1.1　水资源现状

1.1.1　降水量

2019年，全国平均年降水量651.3 mm，比多年平均值（1956—2019年，以下同）偏多0.5%。

1.1.2　地表水资源量

2019年，全国地表水资源量27993.3亿 m^3，折合年径流深295.7 mm，比多年平均值偏多3.2%。2019年，从国境外流入我国境内的水量195.0亿 m^3，从我国流出国境的水量5521.8亿 m^3，流入界河的水量1660.1亿 m^3；全国入海水量17535.9亿 m^3。

1.1.3　地下水资源量

2019年，全国地下水资源量（矿化度≤2 g/L）8191.5亿 m^3，比多年平均值偏少0.6%。其中，平原区地下水资源量1714.8亿 m^3，山丘区地下水资源量6779.6亿 m^3，平原区与山丘区之间的重复计算量302.9亿 m^3。全国平原浅层地下水总补给量1782.6亿 m^3。

1.1.4　水资源总量

2019年，全国水资源总量为29041.0亿 m^3，比多年平均值偏多3.4%。其中，地表水资源量27993.3亿 m^3，地下水资源量8191.5亿 m^3，地下水与地表水资源不重复量为1047.7亿 m^3。全国水资源总量占降水总量的47.1%，平均单位面积产水量30.7万 m^3/km^2。

1.2　水资源禀赋特征

1.2.1　总量多，人均少

中国水资源总量位列世界第六位，水资源总量约为28000亿 m^3，约占世界总量的6.6%，仅次于巴西、俄罗斯、美国、加拿大和印度尼西亚。人均水资源量约为1990 m^3（按2019年人口计算），约为世界人均占有量的1/3，人均水资源占有量偏少，接近于用水紧张国家人均水资源量少于1700 m^3 的警戒线。

1.2.2 空间分布不均，南多北少

根据1956—2019年的全国水资源数据（表1.1），南方地区和北方地区水资源总量分别占全国水资源总量的81%和19%。南方地区中的长江区水资源总量最大，占全国的35%；北方地区中的海河区水资源总量最小，只占全国的1%。

全国多年平均年地表水资源量为27133亿 m^3，其中南方地区和北方地区地表水资源量分别占全国的84%和16%。南方地区中的长江区地表水资源量最大，占全国的36%；北方地区中的海河区地表水资源量最小，只占全国的1%。

全国多年平均年地下水资源量为8239亿 m^3，其中南方地区和北方地区地下水资源量分别占全国的69%和31%。南方地区中的长江区地下水资源量最大，占全国的30%；北方地区中的辽河区地下水资源量最小，只占全国的2%。

表1.1 中国水资源一级区水资源总量

水资源一级区	评价面积 万 km^2	地表水资源量 亿 m^3	地下水资源量/亿 m^3		水资源总量 亿 m^3
			资源量	其中重复量	
全国	950.7	27133	8239	7295	28077
松花江区	93.5	1279	463	265	1478
辽河区	31.4	392	190	102	481
海河区	32.0	203	243	100	346
黄河区	79.5	601	389	289	702
淮河区	33	688	446	213	921
长江区	178.3	9779	2467	2361	9885
东南诸河区	24.5	2472	598	575	2495
珠江区	57.9	4762	1137	1202	4698
西南诸河区	84.4	5737	1469	1469	5737
西北诸河区	336.2	1218	837	719	1336
北方地区	605.6	4383	2567	1687	5263
南方地区	345.1	22751	5672	5608	22814

数据来源：1956—2000年数据来自《全国水资源综合规划（2010—2030年）》，2001—2019年数据来自《中国水资源公报》。

1.2.3 年际变化显著，年内高度集中于汛期

我国降水和径流的年际变化十分显著，南方地区最大和最小年降水量一般相差2~4倍，北方地区一般相差3~6倍，而河川径流量最大和最小年份可相差10~15倍以上，部分地区超过了20倍。大部分地区降水和水资源的年内分配不均，全年降水量、河川径流量的60%~80%集中在汛期，特别是大水年份降水和河川径流更为集中。北方地区水资源的年内集中程度更高，一些地区年径流往往由几次甚至一次降水过程形成。

1.3 气候变化下径流变化趋势

影响径流的主要气候因子是降水和潜在蒸散发（Wang and Hejazi，2011）。降水直接干扰流域径流，而潜在蒸散发受到气温、太阳辐射、相对湿度和风速的影响，对径流量产生作用（Patterson et al.，2013）。不同流域气候因子对径流量的影响力存在明显的差异，进而不同流域在气候变化中其径流量呈现出不同的变化特征。

1.3.1 流域气候弹性

综合诸多研究（Tang et al.，2013；Zheng et al.，2009；Li et al.，2019；Zhang Q et al.，2017；高超等，2016；刘永婷等，2018；薛颖等，2017；Xing et al.，2018；Wu et al.，2018；汪美华等，2003；Zhang D et al.，2016；Huang et al.，2016；Xu et al.，2014；贺瑞敏等，2015；Zhou X et al.，2015；Liu et al.，2017，2019；Sun et al.，2013；Zhou Y et al.，2018；Meng and Mo，2012；王国庆等，2011）发现：中国不同流域的气候弹性有着鲜明的差别，径流的变化对降水的敏感程度高于潜在蒸散发；黄河、海河、淮河流域的气候弹性较大，并且流域内区域差距较大；长江、珠江流域的气候弹性较小，流域内区域差距也相对较小；松花江和辽河流域的气候弹性比长江、珠江略大，但是区域内的差距同样比较小（图 1.1）。

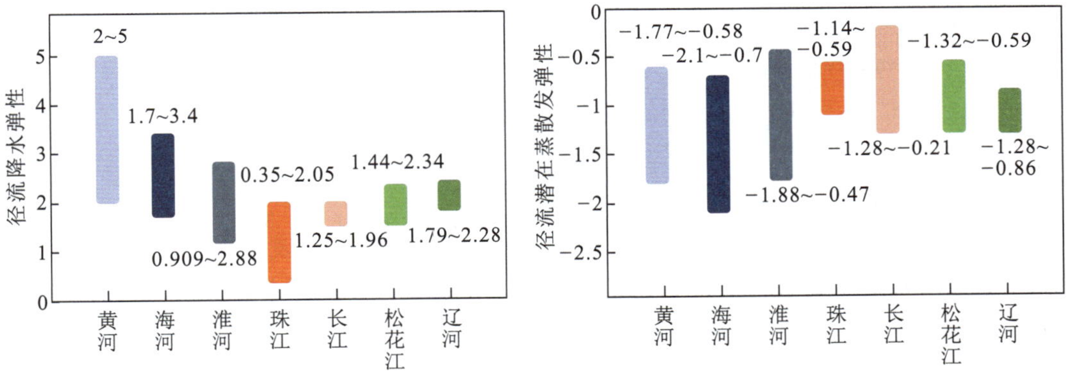

图 1.1 中国主要流域气候弹性对比

1.3.2 流域的径流量变化

本书采用 Citespace 的文献计量分析法，基于 Web of Science 核心数据库，以水资源变量“runoff projection”“China”为主题词，时间跨度为 1985—2020 年，进行检索。在搜集的相关文献中，与气候预测相同，主要采用的情景为特别报告排放情景（SRES）与典型路径情景（RCPs）。在大量文献调研的基础上，得到中国主要流域在 SRES 与 RCPs 气候变化情景下的径流量变化趋势，以及发生洪涝和干旱极端事件的风险。

1.3.2.1 黄河流域

本研究搜集了不同模型、不同情景、不同时间段的黄河流域未来径流量的预测数据共

333 条，通过稳健性检验并绘制了 2020—2100 年、2020—2050 年和 2050—2100 年黄河流域径流量变化预测值的概率密度图（图 1.2）。与基期 1986—2005 年的平均径流量（258 亿 m^3）相比，2020—2100 年黄河流域的平均径流量可能的变化范围是-27%~301%（中位数为 41%），达到 186 亿~1036 亿 m^3。由于未来的发展情景本身就是不确定的，在忽略情景的情况下，黄河流域 2020—2100 年平均径流量有 80%的概率比 1986—2005 年径流量高 0~301%（258 亿~1036 亿 m^3），38%的概率比基期高 0~50%（258 亿~389 亿 m^3）。与基期相比，2020—2050 年黄河流域的平均径流量可能的变化范围是-27%~166%（中位数为 25%），达到 186 亿~688 亿 m^3，2050—2100 年黄河流域的平均径流量可能的变化范围是-14%~301%（中位数为 51%），达到 219 亿~1036 亿 m^3。黄河流域 2020—2050 平均径流量有 70%的概率比 1986—2005 年径流量高 0~166%（258 亿~688 亿 m^3），38%的概率比基期高 0~50%（258 亿~388 亿 m^3）。而黄河流域 2050—2100 年平均径流量有 90%的概率比 1986—2005 年径流量高 0~301%（258 亿~1036 亿 m^3），37%的概率比基期高 0~50%（258 亿~389 亿 m^3）。可见，黄河流域 21 世纪后半叶比前半叶平均径流量高的可能性较大。

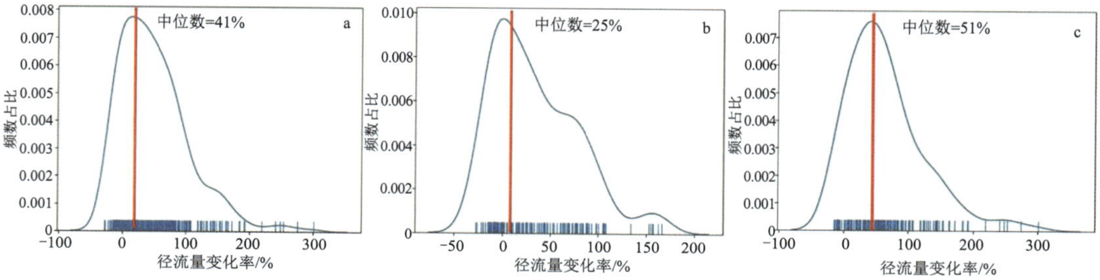

图 1.2　黄河流域径流量变化预测概率密度分布图

a—2020—2100 年；b—2020—2050 年；c—2050—2100 年

根据已有数据，分情景下黄河流域未来的径流量预测情况（表 1.2）如下：在可以观察到的情景下，黄河流域的平均径流量整体呈现出持续上升的态势，2050—2100 年的平均预测径流量比 2020—2050 年的平均预测径流量高 17 亿~348 亿 m^3。

表 1.2　不同情景下黄河流域平均径流量预测值（基期：1986—2005 年）

情景	2020—2050 年		2050—2100 年	
	径流量变化率/%	平均径流量/亿 m^3	径流量变化率/%	平均径流量/亿 m^3
A1B	-27~0.71	186~260	—	—
A2	-19~157	208~664	-12~253	225~912
B1	—	—	-10~69	232~438
B2	-19~166	208~688	-6~301	241~1036
RCP2.6	16~98	300~513	71~106	443~532
RCP4.5	8~104	281~528	—	—
RCP8.5	17~88	303~486	106~123	532~576

资料来源：Liu et al.，2011；唐芳芳等，2012；Wu et al.，2015；Yuan et al.，2016；魏洁等，2016；Wang et al.，2017；Yan et al.，2020；Yang et al.，2018。

关于极端洪水事件，未来黄河流域中游地区发生洪涝的风险增大，未来黄河流域夏半年峰值径流量可能减少而其余季节增加，预示着未来夏季月份极端洪涝事件减少，而其余月份出现极端流域洪水的风险增大（曹丽娟等，2013）。

1.3.2.2 长江流域

本研究搜集了不同模型、不同情景、不同时间段的长江流域未来径流量的预测数据共105条，通过稳健性检验并绘制了长江流域径流量变化预测值的概率密度图（图1.3）。与基期1986—2005年的平均径流量（9186亿 m^3）相比，2020—2100年长江流域的平均径流量可能的变化范围是-29%~21%，达到6455亿~11131亿 m^3。由于未来的发展情景本身就是不确定的，在忽略情景的情况下，长江流域2020—2100年平均径流量有49%的概率比1986—2005年径流量高0~21%（9186亿~11131亿 m^3），51%的概率比基期低，为6455亿~9186亿 m^3。

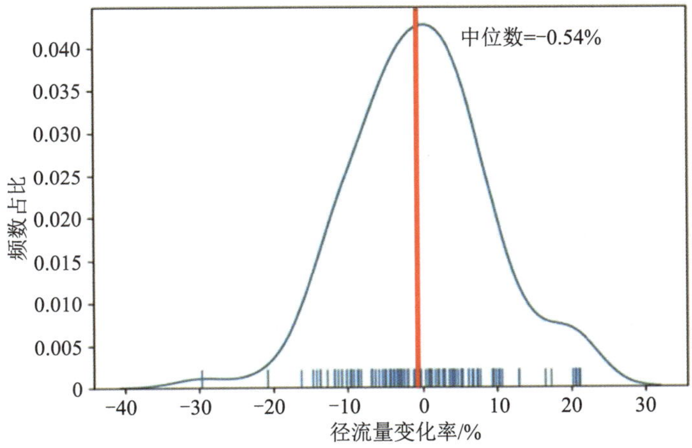

图1.3 长江流域2020—2100年径流量变化预测概率密度分布图

分情景来看（表1.3），虽不能建立分情景的稳健的数据集，但是可以对分情景的结果进行一个整体的描述：长江流域的平均径流量与基期相比，减少的可能性更大，2050—2100年的平均预测径流量与2020—2050年的无法比较。

关于极端径流，未来长江干流径流年际变率增大，上中游地区径流日和月变率减小，下游地区略有增大；未来汉江流域径流量的年、月和日变率均增大。未来长江干流发生流域洪水的风险在夏季明显降低，而汉江流域各月发生流域洪水的可能性均增大（曹丽娟等，2013）。

表1.3 不同情景下长江流域平均径流量预测值（基期：1986—2005年）

情景	2020—2050年		2050—2100年	
	径流量变化率/%	平均径流量/亿 m^3	径流量变化率/%	平均径流量/亿 m^3
A1B	-3.8~10	8829~10167	—	—
A2	-8~5	8388~9662	—	—
B1	-3.7~4	8838~9554	—	—

续表

情景	2020—2050 年		2050—2100 年	
	径流量变化率/%	平均径流量/亿 m^3	径流量变化率/%	平均径流量/亿 m^3
B2	-3~-1	8862~9073	—	—
RCP2.6	—	—	4	9588
RCP4.5	-13~-9	7920~8300	-20~-2.8	7274~8924
RCP8.5	-14~-6	7832~8600	-29~5.3	6455~9674

资料来源：金兴平等，2009；高冰，2012；Li et al.，2013；曾小凡和周建中，2010a；郭生练等，2015；Liu et al.，2017；Wang et al.，2019。

1.3.2.3 淮河流域

已搜集的文献研究结果显示：与基期 1986—2005 年的平均径流量（247 亿 m^3）相比，2020—2100 年淮河流域的平均径流量可能的变化范围是-67%~72%，达到 82 亿~427 亿 m^3。

分情景下淮河未来的径流预测情况如表 1.4 所示：不论在哪种情景下，淮河流域的平均径流量均呈现出上升的趋势，2020—2050 年的平均预测径流量为 82 亿~393 亿 m^3，2050—2100 年的平均预测径流量为 112 亿~427 亿 m^3。

表 1.4 不同情景下淮河流域平均径流量预测值（基期：1986—2005 年）

情景	2020—2050 年		2050—2100 年	
	径流量变化率/%	平均径流量/亿 m^3	径流量变化率/%	平均径流量/亿 m^3
A1B	-44~58	138~390	-32~57	168~389
A2	-48~59	129~393	-55~72	112~427
B1	-2~9	241~268	-28~12	178~277
B2	—	—	—	—
RCP2.6	19	295	—	—
RCP4.5	-67~23	82~304	—	—
RCP8.5	-66~14	84~282	—	—

资料来源：高超等，2010；Ju et al.，2012；金君良等，2017；徐震，2020。

关于极端径流，时间尺度上，淮河流域未来可能发生极端洪水年份的密集程度从大到小依次为 A2 情景、A1B 情景、B1 情景。A1B 情景下，21 世纪下半叶出现极端洪水的可能性增大，A2 情景在 2035—2065 年以及 2085 年以后是极端洪水发生较为集中的时期。B1 情景在 21 世纪 70 年代左右发生极端洪水的可能性较大（郝振纯等，2011）。空间尺度上，王家坝站和蚌埠站断面洪水事件的发生可能性将增大（金君良等，2017）。

1.3.2.4 海河流域

已搜集的文献研究结果显示：与基期 1986—2005 年的平均径流量（3.34 亿 m^3）相比，2020—2100 年海河流域的平均径流量可能的变化范围是 35.2%~525%，达到 4.52 亿~20.95 亿 m^3。

分情景下海河流域未来的径流量预测情况如表 1.5 所示：2050—2100 年的径流量预测数据不足，而 2020—2050 年平均预测径流量为 4.52 亿~20.95 亿 m^3。

表 1.5 不同情景下海河流域平均径流量预测值（基期：1986—2005 年）

情景	2020—2050 年		2050—2100 年	
	径流量变化率/%	平均径流量/亿 m^3	径流量变化率/%	平均径流量/亿 m^3
A1B	35.2~378.9	4.52~16.03	—	—
A2	46.9~326.1	4.91~14.26	167	8.96
B1	67.5~525.9	5.60~20.95	—	—
B2	—	—	183	9.5
RCP2.6	99.8~257	6.68~11.95	—	—
RCP4.5	128~299	7.65~13.36	—	—
RCP8.5	138~246	7.97~11.60	—	—

资料来源：丁相毅等，2010；吴大光等，2011；金君良等，2016；袁飞等，2005。

关于极端径流，在 A2 和 B2 情景下，尽管降水量增加，但年平均径流量将可能减少，预示海河流域的水资源将十分短缺；若考虑 21 世纪人口增长因素，海河流域的水资源形势将更加严峻；但是，模型计算 A2 和 B2 情景下未来汛期的径流量较近期气候情景增加，说明未来海河流域发生洪水的可能性将增大（袁飞等，2005）。

1.3.2.5 珠江流域

已搜集的文献研究结果显示：与基期 1986—2005 年的平均径流量（2834 亿 m^3）相比，2020—2100 年珠江流域的平均径流量可能的变化范围是-79%~63%，达到 587 亿~4630 亿 m^3。

分情景下珠江流域未来的径流量预测如表 1.6 所示：21 世纪珠江流域的径流量可能呈现下降趋势，2020—2050 年平均预测径流量为 1504 亿~4630 亿 m^3，但 2050—2100 年平均预测径流量为 587 亿~4114 亿 m^3。

表 1.6 不同情景下珠江流域平均径流量预测值（基期：1986—2005 年）

情景	2020—2050 年		2050—2100 年	
	径流量变化率/%	平均径流量/亿 m^3	径流量变化率/%	平均径流量/亿 m^3
A1B	-10~3	2539~2896	2~28	2902~3633
A2	-14~-2	2443~2750	-1~25	2817~3554
B1	-13~7	2471~3023	-1~15	2798~3248
B2	—	—	—	—
RCP2.6	-47~63	1504~4630	—	—
RCP4.5	-39~60	1726~4543	-48~45	1469~4114
RCP8.5	-49~33	1446~3762	-79~45	587~4114

资料来源：Liu et al.，2012，2018；Yan et al.，2015。

对于极端径流，洪峰流量和洪水总量在西江和粤西桂南沿海诸河可能呈增加趋势，而在北江（洪水总量）和东江多半可能呈减少趋势。与1970—1999年相比，郁江、桂江、东江及粤西桂南沿海诸河特大洪水可能呈增加趋势，红水河和北江多半可能呈增加趋势；柳江则可能或多半可能呈减少趋势（肖恒等，2013）。

1.3.2.6 辽河流域

辽河流域相关的文献数据较为不足，只搜集到2020—2050年特别报告情景下的预测数据，具体如下：与基期1986—2005年的平均径流量（45亿 m^3）相比，2020—2050年辽河流域的平均径流量可能的变化范围是16%~50%，达到53亿~68亿 m^3。

分情景下辽河流域未来的径流量预测情况如表1.7所示，数据量较少，无法获得规律性的结果。

表1.7 不同情景下辽河流域平均径流量预测值（基期：1986—2005年）

情景	2020—2050年		2050—2100年	
	径流量变化率/%	平均径流量/亿 m^3	径流量变化率/%	平均径流量/亿 m^3
A1B	16~50	52~68	—	—
A2	27~31	58~60	—	—
B1	37	62	—	—
B2	16	53	—	—
RCP2.6	—	—	—	—
RCP4.5	—	—	—	—
RCP8.5	—	—	—	—

资料来源：王高旭等，2012；曹丽格，2013；Wang et al.，2012。

1.3.2.7 松花江流域

已搜集的文献研究结果显示：与基期1986—2005年的平均径流量（658亿 m^3）相比，2020—2100年松花江流域的平均径流量可能的变化范围是-40%~28%，达到393亿~975亿 m^3。

分情景下松花江流域未来的径流量预测情况（表1.8）如下：21世纪松花江流域的径流量可能呈现上升趋势，2020—2050年平均预测径流量为393亿~750亿 m^3，但是2050—2100年平均预测径流量为616亿~975亿 m^3。

表1.8 不同情景下松花江流域平均径流量预测值（基期：1986—2005年）

情景	2020—2050年		2050—2100年	
	径流量变化率/%	平均径流量/亿 m^3	径流量变化率/%	平均径流量/亿 m^3
A1B	-14~7	568~701	4~41	681~925
A2	-16~14	556~750	4~47	685~965

续表

情景	2020—2050 年		2050—2100 年	
	径流量变化率/%	平均径流量/亿 m^3	径流量变化率/%	平均径流量/亿 m^3
B1	-10~12	592~740	-6~6	616~701
B2	—	—	—	—
RCP2. 6	0~3	655~675	19~26	780~832
RCP4. 5	-36~13	424~745	—	—
RCP8. 5	-40~5	393~694	28~48	845~975

资料来源：曾小凡和周建中，2010b；Meng and Mo，2012；Su et al.，2014；李峰平，2015；Liu et al.，2017。

综合来看，黄河、海河、辽河及松花江流域的历史年径流量发生了明显的下降，而长江、淮河及珠江流域的年径流量则未见显著的下降趋势。在未来气候变化的情景下，主要流域的径流量则存在较大的不确定性。其中，黄河与海河流域的径流量预测变幅较大，均超过了150%，并且黄河与海河流域的径流量与基期相比大概率会增加。淮河、长江、珠江、辽河及松花江流域的径流量预测变幅均小于100%，其中，长江流域径流量的预测变幅最小，很有可能在21世纪后半叶少于基期水平（图1.4）。关于极端径流，同一流域的不同地区其洪水发生的预测结果很可能不同，但是从中国整体来看，极端洪水频次由于极端暴雨的增加而增加了（Li et al.，2016）。

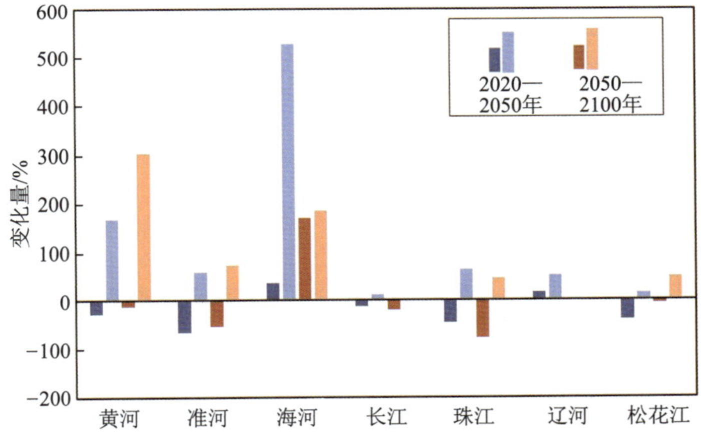

图1.4　中国主要流域未来径流量变幅极大值与极小值

1.4　面临的主要水资源问题

根据本书的研究结论和其他专家的观点（胡四一和王浩，2016），未来在多重影响因素影响下，我国水资源问题具有严峻性、复杂性和长期性。具体表现为以下两点：

1）在气候变化、人类活动等多重因素作用下，新时期我国水资源问题由原来的“水多、水少、水脏、水浑”演变为更为严峻和复杂的局面，具体表现为：人类活动与气候变化影响加剧，水资源系统脆弱性和不确定性增强；供需水逆向演变，资源型与竞争性缺水问题突出；水污染形式与组分更趋复杂和多样；极端水事件和突发水事件频发。

2）在我国社会经济转型的大背景下，水资源工作已经从传统的农业社会的人饮、灌溉等任务转变为一项综合性任务，涵盖了水资源供给、水环境保护、水生态修复和水灾害防治等多个方面，同时也面临着气候变化、产业布局不匹配、区域发展不平衡、突发水污染增多以及生态欠账多等多重危机和挑战。随着人口增长与资源环境矛盾日益突出，水资源问题已经成为制约经济社会可持续发展的瓶颈之一。目前，我国正处于社会经济转型的关键时期，一方面，随着高质量发展对水需求的量、质、保障率、均衡性等方面的要求不断提高；另一方面，水供给所面临的生态保护和污染防治的边界限制也越来越严峻。由此可见，未来的水资源问题将变得更加棘手、错综复杂，并将持续存在于我们的生活中。

第 2 章　中国水资源供应与结构

2.1　供水量与结构

2003—2019 年，我国总供水量缓慢增长后保持平稳中有所下降的趋势（图 2.1）。由 2003 年的 5320 亿 m^3 缓慢上升至 2013 年的 6183 亿 m^3 后波动下降至 2019 年的 6021 亿 m^3。其中，地表水源供水量和地下水源供水量的变化趋势与总供水量相一致，地表水源供水量由 2003 年的 4286 亿 m^3 增加到 2013 年的 5007 亿 m^3 后波动下降至 2019 年的 4983 亿 m^3，占总供水量的比值除 2018 年和 2019 年的 82%和 83%外一直保持在 81%；地下水源供水量由 2003 年的 1018 亿 m^3 增加到 2012 年的 1134 亿 m^3 后持续下降至 2019 年的 934 亿 m^3，占总供水量的比值由 2003 年的 19%稳定下降至 2019 年的 16%。其他水源供水量有明显增加，由 2003 年的 16.3 亿 m^3 增加到 2019 年的 104.5 亿 m^3，相应的占比由不到 1%增加到 2019 年的 2%。其他水源供水来源包括污水处理、雨水利用和海水淡化三部分，其中以污水处理为主，如 2017 年污水处理供水量达到 66.1 亿 m^3，占当年其他水源总供水量的 81.4%。

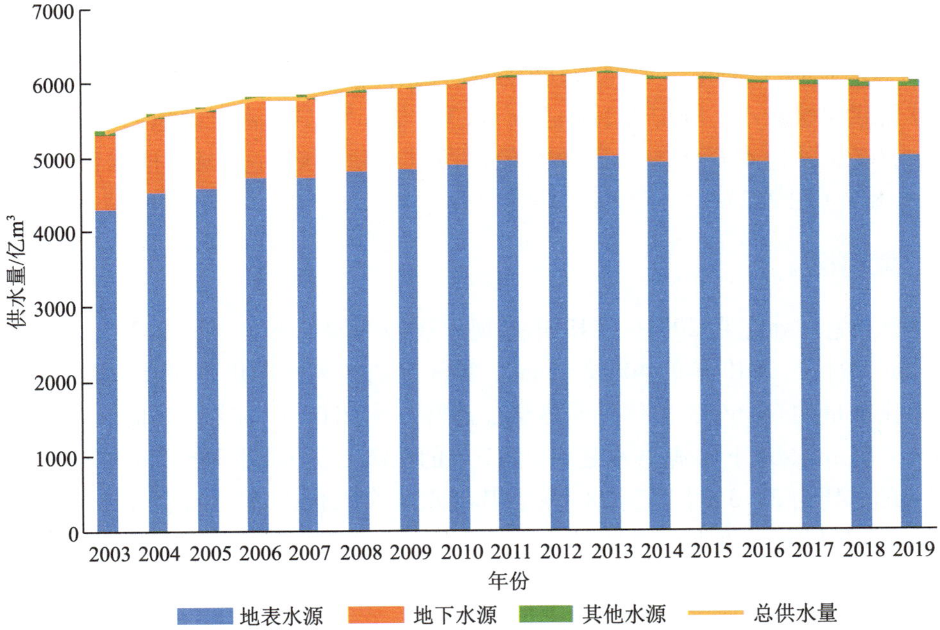

图 2.1　2003—2019 年我国供水量及结构

2.2 流域层面供水量与结构

我国按流域水系划分为10个水资源一级区。通过对我国各水资源一级区2003—2019年供水现状与结构的分析发现，从总供水量上看，2003—2019年黄河区、淮河区、松花江区、西北诸河区、长江区和珠江区总体呈明显增加态势，海河区和西南诸河区增长幅度总体较小，而辽河区和东南诸河区总体呈小幅度下降趋势。从供水结构上看，南方地区的东南诸河区、西南诸河区、长江区、珠江区供水结构中以地表水源供水为主，地下水源供水比例非常小，占总供水量的2%~4%；而北方地区的海河区、淮河区、黄河区、辽河区、松花江区、西北诸河区地下水源供水量比例相较于南方地区明显偏大，平均占比为19%~60%，其中海河区和辽河区地下水源供水量占比超过了50%。

2019年，全国总供水量为6021.2亿m^3，我国各水资源一级区中，南方的长江区供水量最大，为2064.5亿m^3，占全国总供水量的34.3%；西南诸河区和辽河区供水量较小，分别为105.3亿m^3和190.5亿m^3，分别占全国总供水量的1.7%和3.2%；其他水资源一级区的供水量一般占全国总供水量的4.8%~13.5%。全国地表水源总供水量为4982.5亿m^3，长江区地表水源供水量最大，为1987.1亿m^3，占全国地表水源总供水量的39.9%；辽河区和西南诸河区地表水源供水量较小，分别为85.8亿m^3和99.7亿m^3，分别占全国地表水源总供水量的1.7%和2.0%；其他水资源一级区的地表水源供水量一般占全国地表水源总供水量的3.9%~15.7%。全国地下水源总供水量为934.2亿m^3，松花江区地下水源供水量最大，为177.7亿m^3，占全国地下水源总供水量的19.0%；西南诸河区和东南诸河区地下水源供水量较小，分别为4.2亿m^3和5.0亿m^3，分别占全国地下水源总供水量的0.4%和0.5%；其他水资源一级区的地下水源供水量一般占全国地下水源总供水量的2.9%~17.2%。全国其他水源总供水量为104.5亿m^3，海河区其他水源供水量最大，为27.6亿m^3，占全国其他水源总供水量的26.4%；西南诸河区和东南诸河区地下水源供水量较小，分别为1.4亿m^3和3.1亿m^3，分别占全国地下水源总供水量的1.3%和3.0%；其他水资源一级区的其他水源供水量一般占全国其他水源总供水量的3.6%~16.8%（图2.2）。

2.2.1 黄河区

黄河区的总供水量在2003—2019年呈现出缓慢的增长态势（图2.3），由2003年的354.0亿m^3增长到2019年的400.2亿m^3。黄河区的地表水源供水量比例较大，17年间平均占总供水量的65.6%，整体呈明显增加态势，由2003年的219.6亿m^3增长至2019年的269.2亿m^3。地下水源供水量由2003年的132.2亿m^3下降到2019年的114.3亿m^3，相应的占比由37.3%下降到28.6%。其他水源供水量由2003年的2.3亿m^3增加到2019年的16.7亿m^3，增加了6倍。

2.2.2 海河区

海河区的总供水量在2003—2019年先增长后缓慢下降至保持平稳（图2.4），整体呈小幅度增加态势，由2003年的377.0亿m^3增长到2006年的391.0亿m^3，后下降到2019

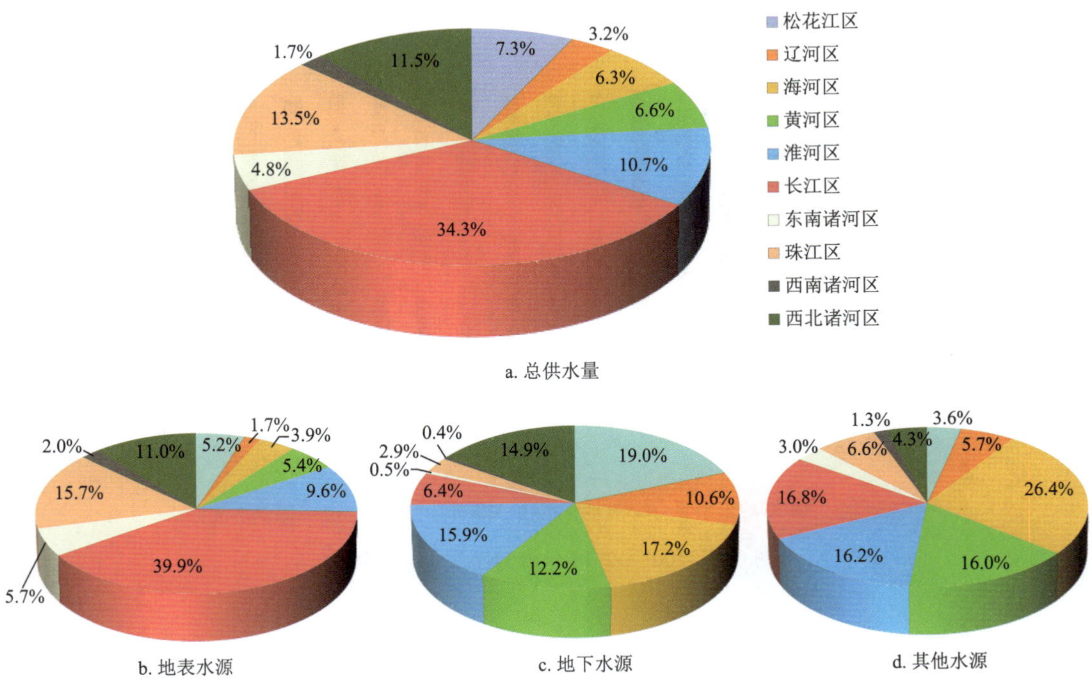

图 2.2　2019 年各水资源一级区供水量及结构

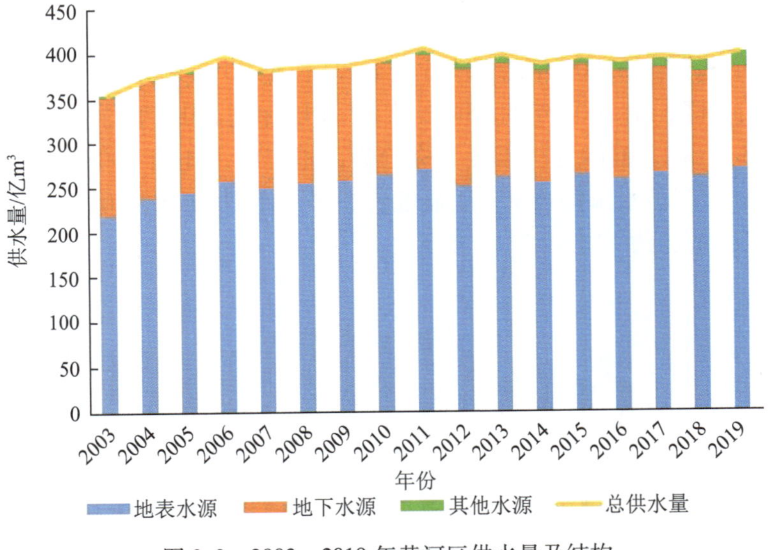

图 2.3　2003—2019 年黄河区供水量及结构

年的 380.6 亿 m^3。海河区的地下水源供水量比例较大，17 年间平均占总供水量的 60.0%，地下水源供水量保持下降趋势，由 2003 年的 261.3 亿 m^3 下降到 2019 年的 160.8 亿 m^3，相应的占比由 2003 年的 69.3% 下降到 2019 年的 42.2%。地表水源供水量整体呈增长态势，由 2003 年的 113.7 亿 m^3 上升至 2019 年的 192.2 亿 m^3，相应的占比由 2003 年的 30.1% 上升至 2019 年的 50.5%。其他水源供水量呈稳定增长态势，由 2003 年的 2.0 亿 m^3 增加到 2019 年的 27.6 亿 m^3，增加近 13 倍。

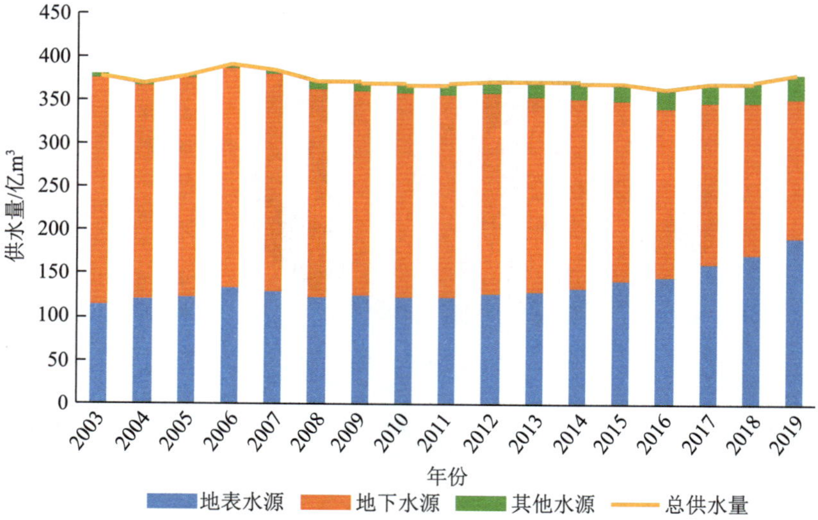

图 2.4　2003—2019 年海河区供水量及结构

2.2.3　淮河区

淮河区的总供水量在 2003—2019 年先增长后缓慢下降至保持平稳（图 2.5），整体呈明显增加态势，由 2003 年的 472.7 亿 m^3 增长到 2011 年的 658.3 亿 m^3，后下降到 2019 年的 641.5 亿 m^3。淮河区的地表水源供水量比例较大，17 年间平均占总供水量的 71.8%，整体呈明显增加态势，由 2003 年的 317.6 亿 m^3 增长至 2019 年的 476.6 亿 m^3。地下水源供水量先增加后下降，由 2003 年的 154.2 亿 m^3 先增加到 2012 年的 181.5 m^3，后下降到 2019 年的 148.1 亿 m^3，整体呈小幅度下降趋势，相应的占比由 2003 年的 32.6%下降到 2019 年的 23.1%。其他水源供水量呈明显增长态势，由 2003 年的 0.9 亿 m^3 增加到 2019 年的 16.9 亿 m^3，增加约 17 倍。

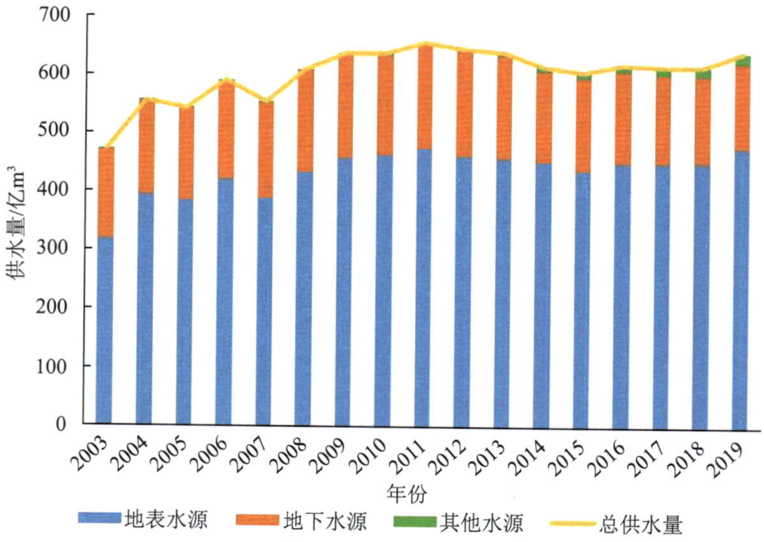

图 2.5　2003—2019 年淮河区供水量及结构

2.2.4 松花江区

松花江区总供水量在2003—2019年先增长后缓慢下降（图2.6），整体呈明显增加态势，由2003年的354.9亿m^3先增长到2013年的509.9亿m^3，后下降至2019年的442.3亿m^3。该区地表水源供水量比例较大，17年间平均占总供水量的58.0%，整体呈明显增加态势，由2003年的216.2亿m^3增长至2019年的260.8亿m^3。地下水源供水量先增加后下降，由2003年的138.8亿m^3先增加到2013年的218.8 m^3，后下降到2019年的177.7亿m^3，整体呈明显增加趋势，相应的占比由2003年的39.1%增加至2019年的40.2%。其他水源供水量呈明显增长态势，由2003年的0亿m^3增加到2019年的3.8亿m^3。

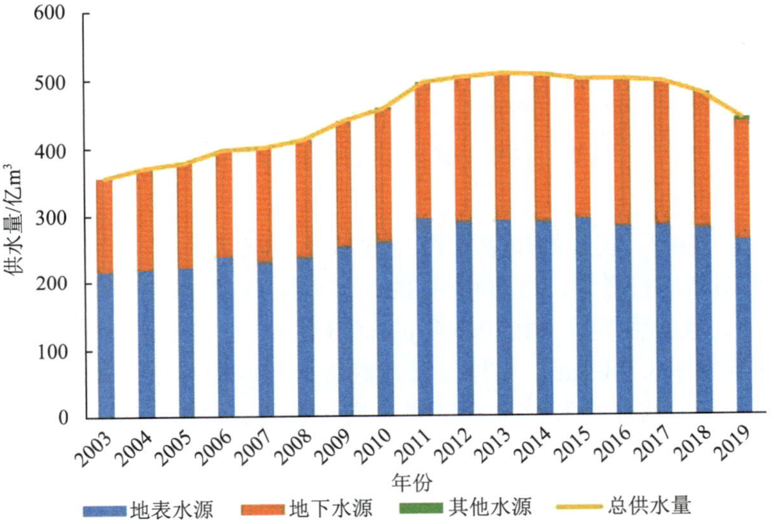

图2.6 2003—2019年松花江区供水量及结构

2.2.5 辽河区

辽河区的总供水量在2003—2019年先增长后缓慢下降至保持平稳（图2.7），整体呈小幅度减少态势，由2003年的192.9亿m^3增长到2010年的208.9亿m^3，后下降到2019年的190.6亿m^3。该区的地下水源供水量比例较大，17年间平均占总供水量的54%，整体呈明显减小态势，由2003年的114.1亿m^3下降至2019年的98.7亿m^3。地表水源供水量先增加后下降，由2003年的78.6亿m^3先增加到2014年的97.7亿m^3，后下降到2019年的85.8亿m^3，整体呈小幅度增加趋势，相应的占比由2003年的40.7%增加至2019年的45.0%。其他水源供水量呈明显增长态势，由2003年的0.3亿m^3增加到2019年的6.0亿m^3，增加近22倍。

2.2.6 西北诸河区

西北诸河区的总供水量在2003—2019年先增长后缓慢下降至保持平稳，整体呈明显增加态势（图2.8），由2003年的603.4亿m^3增长到2012年的701.3亿m^3，后下降到

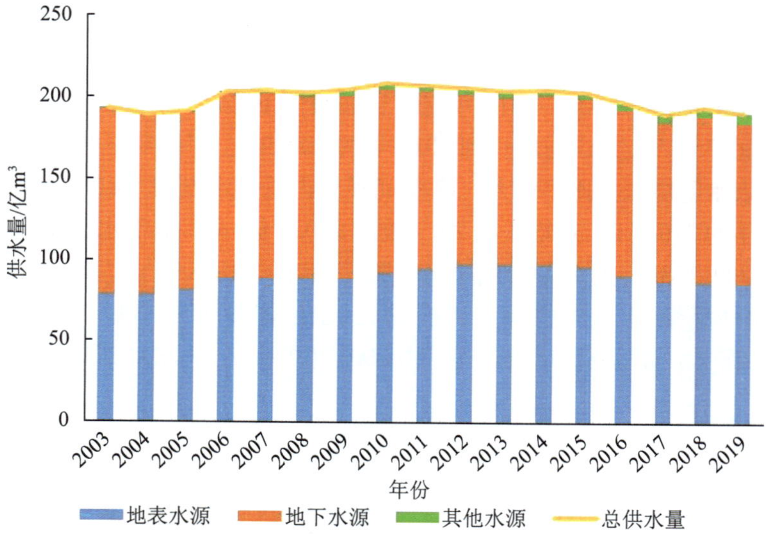

图 2.7　2003—2019 年辽河区供水量及结构

2019 年的 691.4 亿 m^3。该区的地表水源供水量比例较大，17 年间平均占总供水量的 80.4%，整体呈明显增长态势，由 2003 年的 517.7 亿 m^3 增长至 2019 年的 548.0 亿 m^3。地下水源供水量先增加后下降，由 2003 年的 85.0 亿 m^3 先增加到 2014 年的 166.3 亿 m^3，后下降到 2019 年的 138.9 亿 m^3，整体呈增加趋势，相应的占比由 2003 年的 14.1%增加至 2019 年的 20.1%。其他水源供水量呈明显增长态势，由 2003 年的 0.7 亿 m^3 增加到 2019 年的 4.5 亿 m^3，增加约 5 倍。

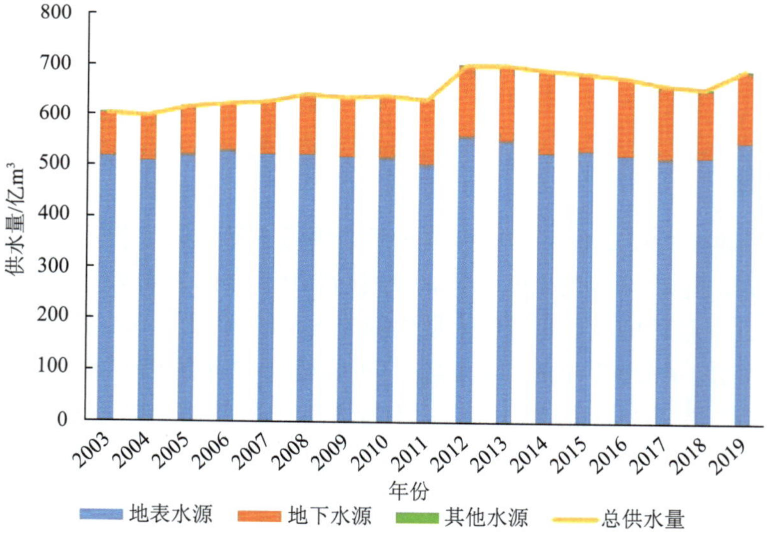

图 2.8　2003—2019 年西北诸河区供水量及结构

2.2.7　长江区

长江区总供水量较大，在 2003—2019 年保持增长态势（图 2.9），由 2003 年的

1714.6 亿 m³ 增长到 2019 年的 2064.5 亿 m³。该区的地表水源供水量比例很大，17 年间平均占总供水量的 95.6%，整体呈明显增长态势，由 2003 年的 1628.9 亿 m³ 增长至 2019 年的 1987.1 亿 m³。地下水源供水量先增加后下降，由 2003 年的 79.2 亿 m³ 先增加到 2009 年的 85.1 亿 m³，后下降到 2019 年的 59.8 亿 m³，整体呈明显减少趋势，相应的占比由 2003 年的 4.6%减少至 2019 年的 2.9%。其他水源供水量呈明显增长态势，由 2003 年的 6.5 亿 m³ 增加到 2019 年的 17.6 亿 m³，增加近 2 倍。

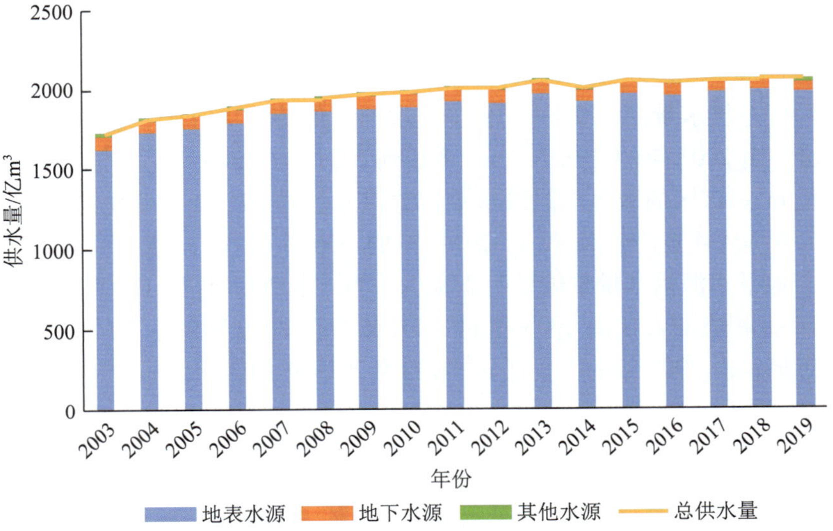

图 2.9　2003—2019 年长江区供水量及结构

2.2.8　珠江区

珠江区总供水量在 2003—2019 年先增长后减少，整体呈降低态势（图 2.10），由

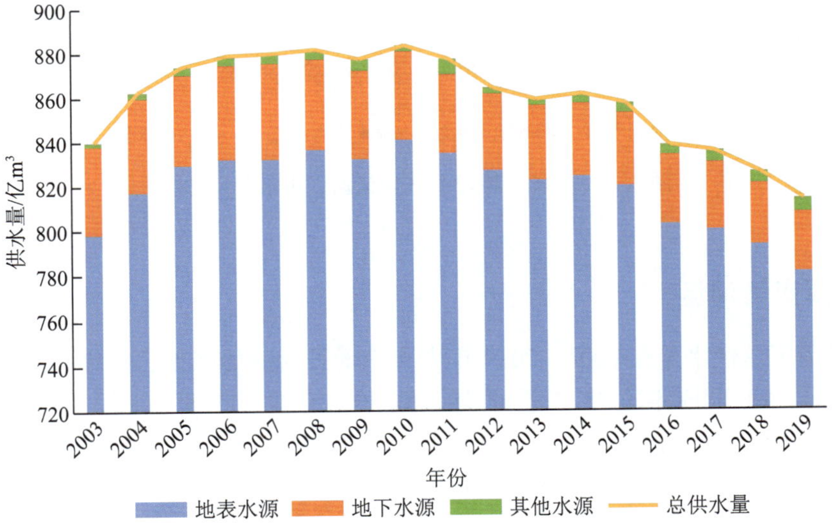

图 2.10　2003—2019 年珠江区供水量及结构

2003 年的 840.4 亿 m^3 增长到 2008 年的 881.2 亿 m^3，进而下降到 2019 年的 814.4 亿 m^3。该区的地表水源供水量比例很大，17 年间平均占总供水量的 95.3%，整体呈小幅度减少态势，由 2003 年的 798.3 亿 m^3 减小至 2019 年的 780.9 亿 m^3。地下水源供水量先增加后减少，由 2003 年的 40.0 亿 m^3 先增加到 2007 年的 42.8 亿 m^3，后减少到 2019 年的 26.7 亿 m^3，整体呈明显减少趋势，相应的占比由 2003 年的 4.8%减少至 2019 年的 3.3%。其他水源供水量呈明显增长态势，由 2003 年的 2.1 亿 m^3 增加到 2019 年的 6.9 亿 m^3，增加近 2.5 倍。

2.2.9 东南诸河区

东南诸河区总供水量在 2003—2019 年先增长后保持稳中有降，整体呈小幅度下降趋势（图 2.11），由 2003 年的 316.7 亿 m^3 增长到 2011 年的 346.1 亿 m^3，进而下降到 2019 年的 290.4 亿 m^3。该区的地表水源供水量占总供水量的 97.2%，变化趋势与总供水量一致，从 2003 年 304.4 亿 m^3 增长到 2011 年的 336.4 亿 m^3，进而下降到 2019 年的 282.3 亿 m^3。地下水源供水量整体呈明显减少趋势，由 2003 年的 11.0 亿 m^3 减少到 2019 年的 5.0 亿 m^3，相应的占比由 2003 年的 3.5%减少至 2019 年的 1.7%。其他水源供水量呈明显增长态势，由 2003 年的 1.3 亿 m^3 增加到 2019 年的 3.1 亿 m^3，增加近 2 倍。

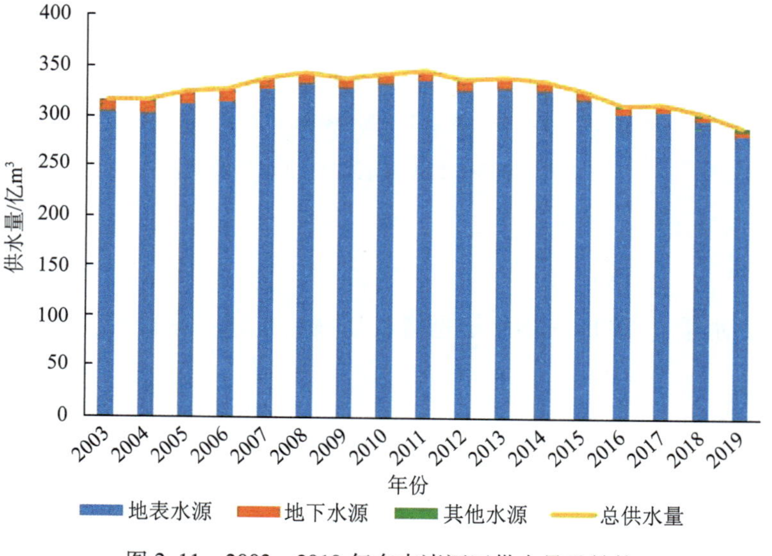

图 2.11　2003—2019 年东南诸河区供水量及结构

2.2.10 西南诸河区

西南诸河区总供水量在 2003—2019 年先平稳增长后缓慢降低，整体呈小幅度增长态势（图 2.12），由 2003 年的 93.8 亿 m^3 增长到 2008 年的 111.8 亿 m^3，进而下降到 2019 年的 105.3 亿 m^3。地表水源供水量占总供水量的 96.2%，变化趋势与总供水量一致，从 2003 年 91.1 亿 m^3 增长到 2008 年的 108.4 亿 m^3，进而下降到 2019 年的 99.7 亿 m^3。地下水源供水量在 2003—2014 年持续增加，2014 年后有所下降，总体呈增加趋势，由 2003 年的 2.4 亿 m^3 上升至 2019 年的 4.2 亿 m^3，相应地，地下水源供水量占比从 2003 年的

2.6%上升至2019年的4.0%。其他水源供水量呈明显增长态势，由2003年的0.2亿m^3增加到2019年的1.4亿m^3，增加约5倍。

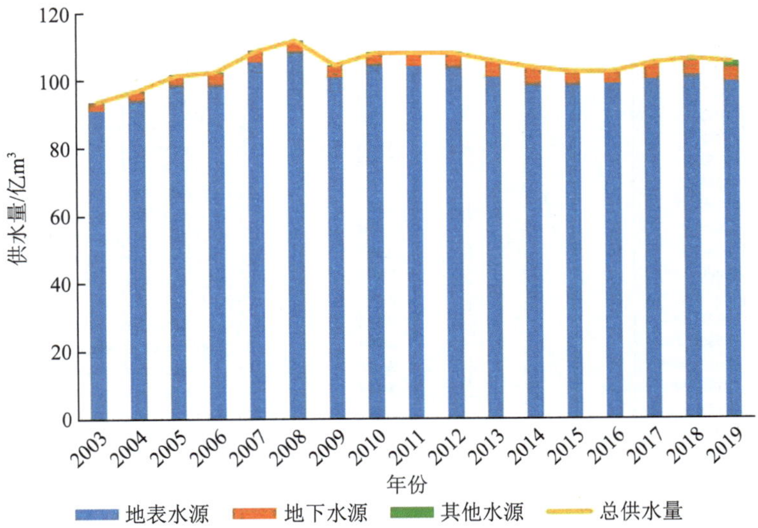

图2.12 2003—2019年西南诸河区供水量及结构

2.3 行政层面供水量与结构

通过对我国各省级行政区（台湾省、香港特别行政区、澳门特别行政区资料暂缺，后同）2003—2019年水资源供应现状与内部结构的分析发现：从供水量上看，31个省（自治区、直辖市）中，河北省、甘肃省、广东省、浙江省、上海市和青海省总体呈减少趋势，其余省（自治区、直辖市）的供水量总体表现为增长态势。从供水结构上看，在北方地区各省（自治区、直辖市）的供水结构中，地下水源占据重要位置，2003年河北省、北京市、河南省、山西省、辽宁省、山东省的地下水源供水量占比均超过50%。到2019年，上述6个省份的地下水源供水量占比均有不同程度的减少，其中北京市和河北省的地下水源供水量占比减少幅度较大。2003年，在南方地区各省（自治区、直辖市）的供水结构中，地表水源供水量占据很大比例，上海市、江苏省、重庆市、浙江省、福建省、湖北省、云南省、广东省、广西壮族自治区的地表水源供水量占比均超过95%，均远超过全国地表水源供水量的平均水平（81%）。到2019年，上述9个省份的地表水源供水量占比均变化不大。另外，相较于其他省份，北京市和天津市的其他水源得到了良好的开发。北京市由2003年的1.25亿m^3增加到2019年的11.5亿m^3，相应的占比从2003年的3.6%增加到2019年的27.6%；天津市则由2003年的0.02亿m^3增加到2019年的5.4亿m^3，相应的占比增加了18.9%（图2.13，图2.14）。

2019年，全国总供水量为6021.2亿m^3，在我国各省级行政区中，江苏省和新疆维吾尔自治区供水量较大，分别为619.1亿m^3和587.7亿m^3，分别占全国总供水量的10.3%和9.8%；青海省、天津市和西藏自治区的供水量较小，分别为26.2亿m^3、28.4亿m^3

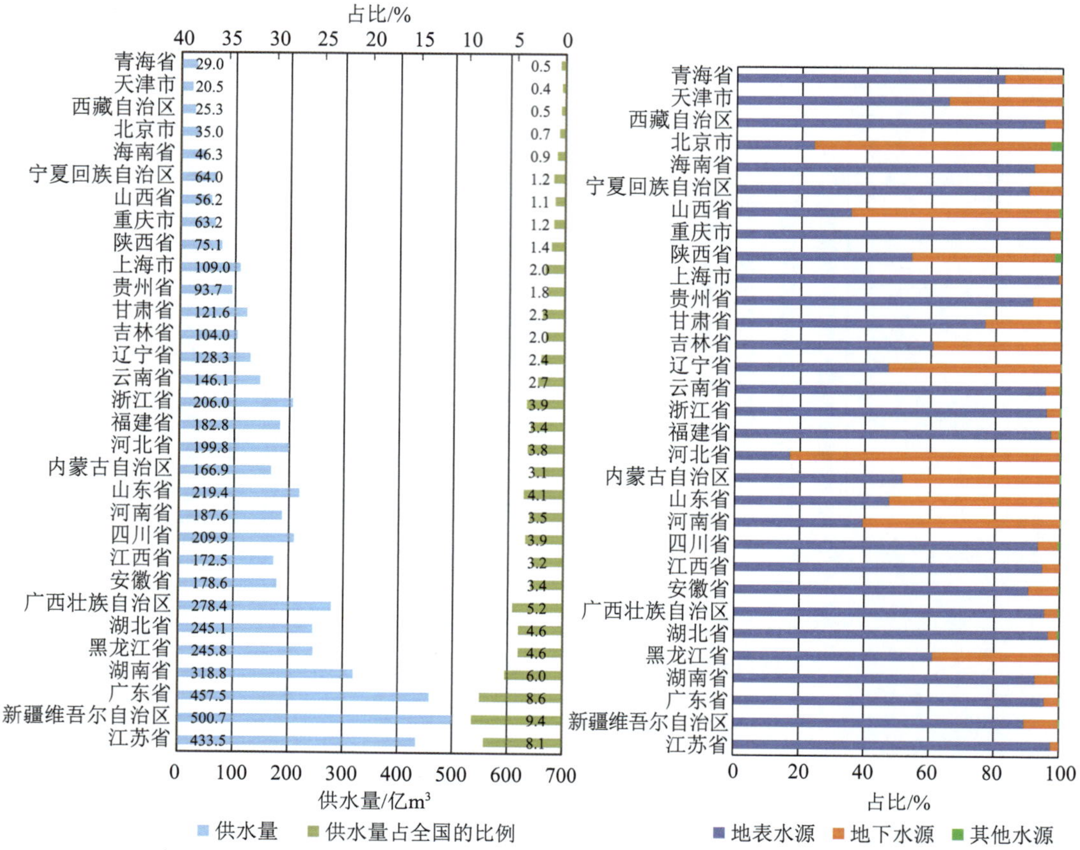

图 2.13　2003 年我国各省级行政区供水量及其占比

和 32.0 亿 m^3，分别占全国总供水量的 0.4%、0.5%和 0.5%；其他省（自治区、直辖市）的供水量一般占全国总供水量的 0.7%~6.8%（图 2.14）。2019 年，全国地表水源总供水量为 4982.5 亿 m^3，江苏省和新疆维吾尔自治区地表水源供水量较大，分别为 602.3 亿 m^3 和 479.1 亿 m^3，分别占全国地表水源总供水量的 12.1%和 9.6%；北京市、天津市和青海省的地表水源供水量较小，分别为 15.1 亿 m^3、19.2 亿 m^3 和 20.7 亿 m^3，分别占全国地表水源总供水量的 0.3%、0.4%和 0.4%；其他省（自治区、直辖市）的地表水源供水量一般占全国地表水源总供水量的 0.6%~8.0%。2019 年，全国地下水源总供水量为 934.2 亿 m^3，黑龙江省和河南省地下水源供水量较大，分别为 135.4 亿 m^3 和 112.5 亿 m^3，分别占全国地下水源总供水量的 14.5%和 12.0%；上海市、浙江省和重庆市的地下水源供水量较小，分别为 0 亿 m^3、0.7 亿 m^3 和 1.0 亿 m^3，分别占全国地下水源总供水量的 0、0.1%和 0.1%；其他省份的地下水源供水量一般占全国地下水源总供水量的 0.3%~11.4%。全国其他水源总供水量为 104.5 亿 m^3，北京市和江苏省其他水源供水量较大，分别为 11.5 亿 m^3 和 10.5 亿 m^3，分别占全国其他水源总供水量的 11.0%和 10.0%；上海市、西藏自治区和湖北省较小，分别为 0 亿 m^3、0.1 亿 m^3 和 0.3 亿 m^3，分别占全国其他水源总供水量的 0、0.1%和 0.3%；其他省份的其他水源供水量一般占全国其他水源总供水量的 0.4%~9.1%（图 2.15）。

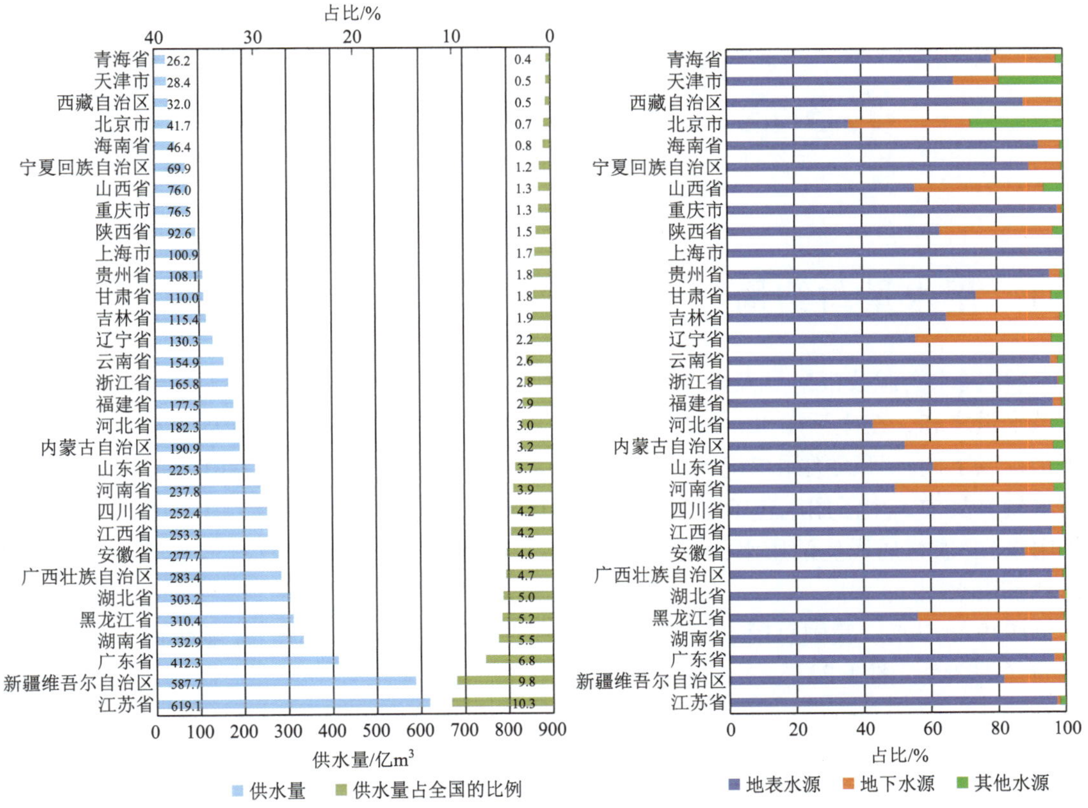

图 2.14　2019 年我国各省级行政区供水量及其占比

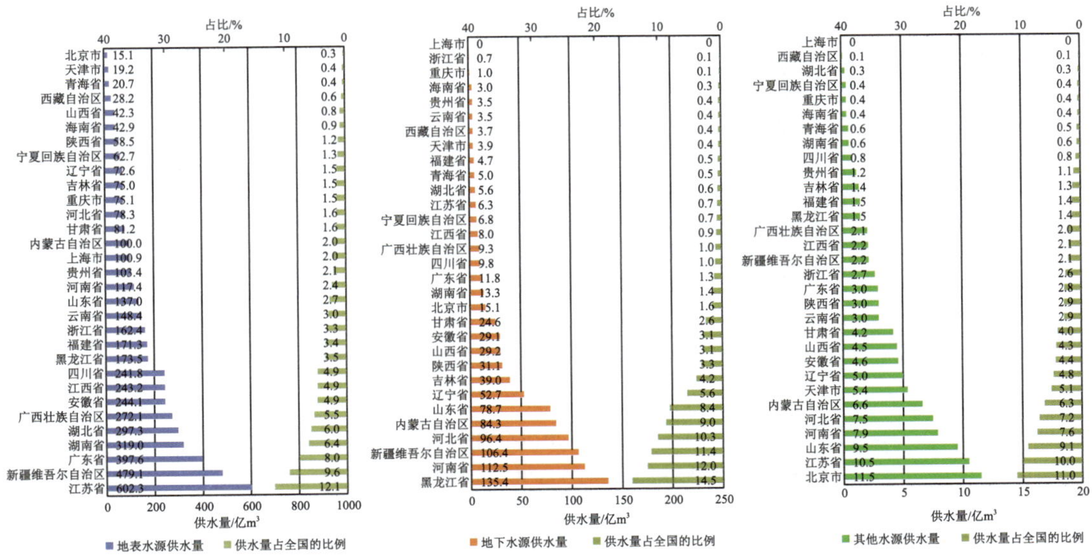

图 2.15　2019 年我国各省级行政区各水源供水量及其占比

第 3 章 中国水资源利用现状

3.1 用水量与结构

《中国水资源公报》涉及的用水量定义为各类河道外用水户取用的包括输水损失在内的毛水量之和，按生活用水、工业用水、农业用水和人工生态环境补水（本书简称生态用水，以下同）四大类用户统计，不包括海水直接利用量以及水力发电、航运等河道内用水量。其中，生活用水包括城镇居民生活用水、城镇公共用水（含第三产业及建筑业等用水）、农村居民生活用水；农业用水包括耕地和林地、园地、牧草地灌溉，鱼塘补水及牲畜用水。

1949 年以来，我国总用水量经历了快速增长期、缓慢下降期、缓慢增长期和平稳下降期（图 3.1，图 3.2）。

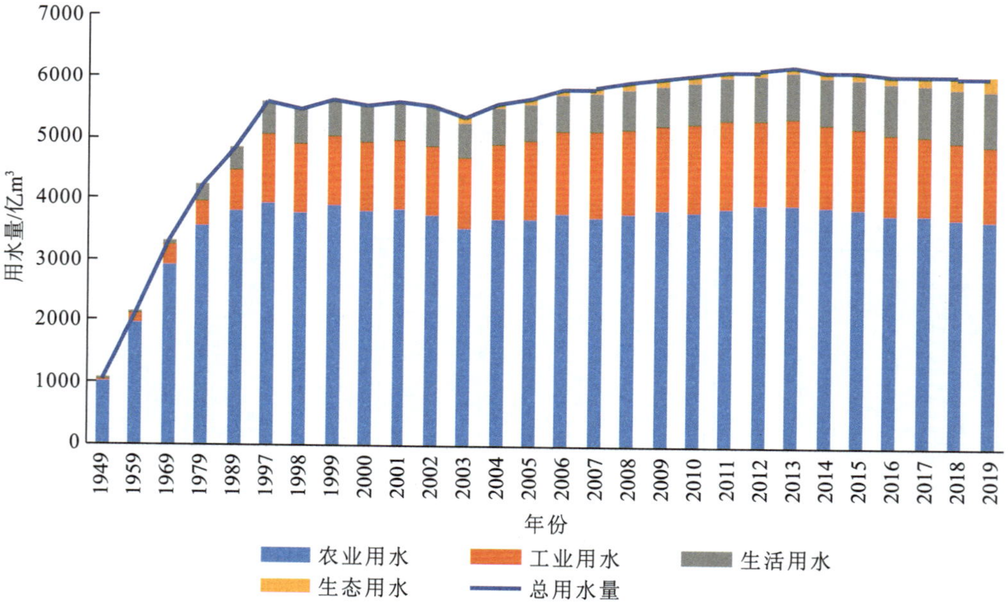

图 3.1 1949—2019 年中国用水量

2003 年起生活用水量中的牲畜用水量调整至农业用水量中

快速增长期（1949—1997 年）：这一阶段我国总用水量快速增长，从 1949 年的 1031 亿 m^3 增长到 1997 年的 5566 亿 m^3，48 年间年平均增长率为 3.6%。这一时期，农业用水占比从 1949 年的 97.1%逐年降低至 1997 年的 70.4%；工业用水占比从 1949 年的 2.8%增加至 1997 年的 20.1%；生活用水占比从 1949 年的 0.1%增加至 1997 年的 9.4%；

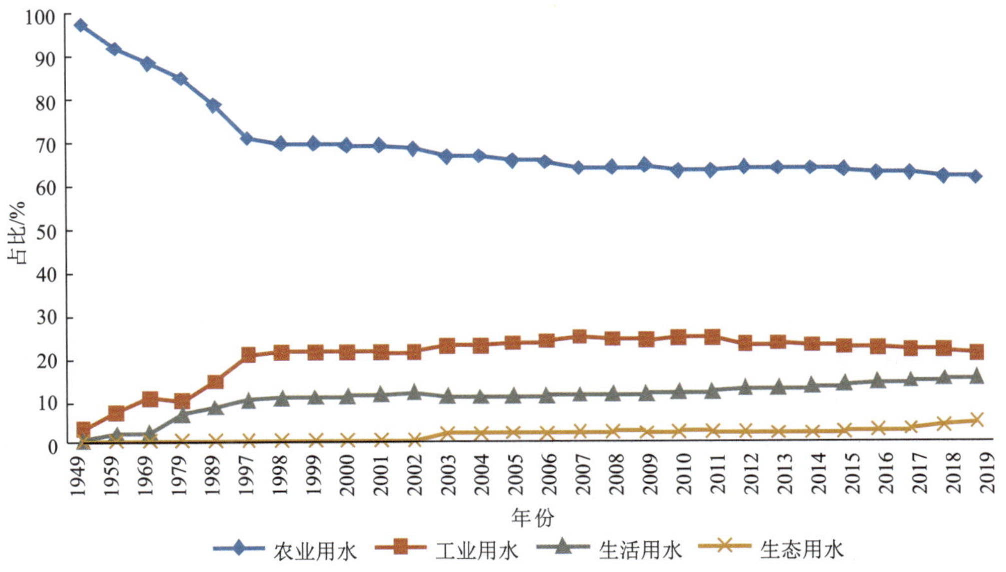

图 3.2　1949—2019 年中国用水结构

生态用水量在此期间为 0 亿 m^3。

缓慢下降期（1997—2003 年）：这一阶段我国总用水量缓慢下降，从 1997 年的 5566 亿 m^3 缓慢下降至 2003 年的 5320 亿 m^3，6 年间年平均减少率为 0.7%。这一时期，农业用水占比从 1997 年的 70.4%逐年降低至 2003 年的 66.1%；工业用水占比从 1997 年的 20.1%增加至 2003 年的 22.1%；生活用水占比从 1997 年的 9.4%增加至 2003 年的 10.3%；生态用水占比在 2003 年为 1.5%，其余年份生态用水量均为 0 亿 m^3。

缓慢增长期（2003—2013 年）：这一阶段我国用水总量缓慢增加，从 2003 年的 5320 亿 m^3 缓慢上升至 2013 年的 6183 亿 m^3，10 年间年平均增长率为 1.5%。这一时期，农业用水占比从 2003 年的 66.1%波动下降至 2013 年的 63.4%；工业用水占比从 2003 年的 22.1%增加至 2013 年的 22.7%；生活用水占比从 2003 年的 10.3%增加至 2013 年的 12.1%；生态用水占比从 2003 年的 1.5%增加至 2013 年的 1.7%。

平缓下降期（2013—2019 年）：这一阶段我国总用水量平缓下降，从 2013 年的 6183 亿 m^3 平缓下降至 2019 年的 6021 亿 m^3，6 年间年平均减少率为 0.4%。这一时期，农业用水占比进一步下降，从 2013 年的 63.4%波动下降至 2019 年的 61.2%；工业用水占比在这一阶段呈现下降趋势，从 2013 年的 22.7%下降至 2019 年的 20.2%；生活用水占比仍然延续前三期的增加态势，从 2013 年的 12.1%增加至 2019 年的 14.5%，与工业用水占比差距进一步缩小；生态用水占比从 2013 年的 1.7%快速增加至 2019 年的 4.1%。

3.2　生态用水

3.2.1　我国生态用水量变化情况

本书的生态用水量指人为措施供给城镇和农村生态与环境的水量，不包括降水、径流自然满足的水量，包括城乡环境补水（含绿化、清洁用水）和河湖补水（指对河流、湖泊、洼淀、沼泽等的补水）量。

长期以来，人类在水资源的开发利用中，只重视解决生产、生活用水的需求，忽视生态用水，从而导致了一系列的生态环境问题。为缓解和解决这些生态环境问题，实现我国经济高质量发展，须在水资源配置中，从不重视生态用水转变为在保证生态用水的前提下，合理规划和保证社会经济用水。2001 年中国工程院出版的重大咨询项目研究成果《中国可持续发展水资源战略研究总报告》中明确提出了“要从不重视生态环境用水转变为保证生态环境用水的水资源配置战略”。2003 年，《中国水资源公报》首次公布了“河湖湿地人工补水及城镇环境用水”的水量，这在一定程度上表明国家对生态用水的重视。

2003—2019 年，我国生态用水量大幅度增加，由 2003 年的 79.5 亿 m^3 增加至 2019 年的 249.6 亿 m^3，增长近 2.2 倍，尤其是 2014 年以来，增速更为明显（图 3.3）。

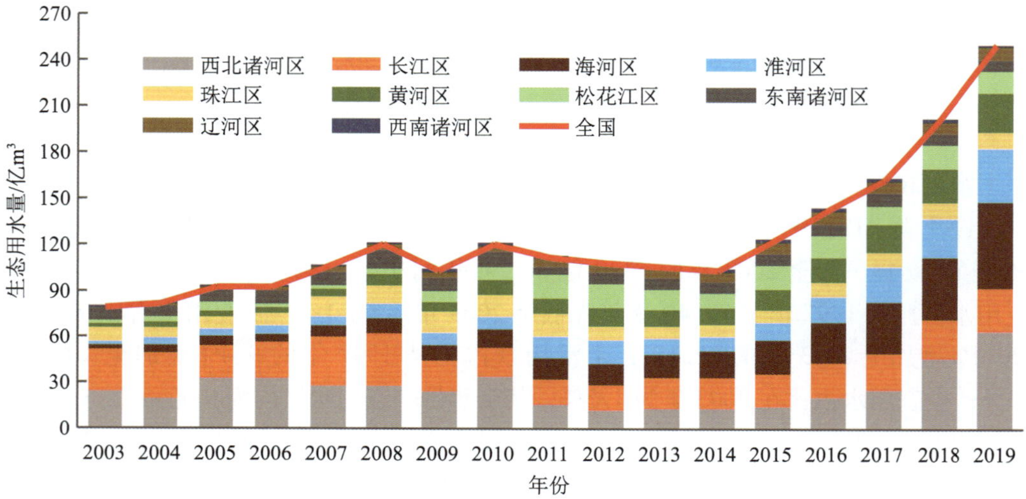

图 3.3　2003—2019 年全国及各水资源一级区生态用水量

具体到各水资源一级区，北方各水资源一级区除西北诸河区外，生态用水量总体呈明显增长态势。其中，辽河区生态用水量增长幅度最大，由 2003 年的 0.01 亿 m^3 增加至 2019 年的 8.0 亿 m^3，增长了 1000 多倍，平均增速为 56.0%；海河区由 2003 年的 1.9 亿 m^3 增加至 2019 年的 54.7 亿 m^3，增长了 27.7 倍，平均增速为 23.4%；淮河区由 2003 年的 3.0 亿 m^3 增加至 2019 年的 35.3 亿 m^3，增长了 10.6 倍，平均增速为 16.6%；黄河区由 2003 年的 2.5 亿 m^3 增加至 2019 年的 25.2 亿 m^3，增长了 9.1 倍，平均增速为 15.5%；松花江区由 2003 年的 3.0 亿 m^3 增加至 2019 年的 13.6 亿 m^3，增长了 3.5 倍，平均增速为 9.9%；而西北诸河区生态用水量在 2003—2019 年增长幅度与北方其他水资源一级区相比偏小得多，2019 年的生态用水量相比 2003 年仅增长了 1.6 倍。南方各水资源一级区除西南诸河区外，总体呈小幅度增长态势。其中，东南诸河区生态用水量增长幅度最小，由 2003 年的 7.5 亿 m^3 增加至 2019 年的 7.9 亿 m^3，仅增长了 0.05 倍；长江区由 2003 年的 27.0 亿 m^3 增加至 2019 年的 29.0 亿 m^3，增长了 0.07 倍；珠江区由 2003 年的 9.0 亿 m^3 增加至 2019 年的 10.9 亿 m^3，增长了 0.21 倍；西南诸河区生态用水量在

2003—2019 年增长幅度与南方其他水资源一级区相比偏大得多，由 2003 年的 0.6 亿 m^3 增加至 2019 年的 1.5 亿 m^3，增长了 1.57 倍。从各水资源一级区生态用水量占全国生态总用水量的比例来看，西北诸河区和长江区占比较大，西北诸河区由 2003 年的 31.4%波动下降至 2019 年的 25.5%，平均占比 21.5%；长江区从 2003 年的 34.0%波动下降到 2019 年的 11.6%，平均占比 19.3%；占比较小的是西南诸河区和辽河区，西南诸河区从 2003 年的 0.7%波动下降到 2019 年的 0.6%，平均占比 0.5%；辽河区由 2003 年的 0.01%波动增加至 2019 年的 3.2%，平均占比 3.9%（图 3.3，图 3.4）。

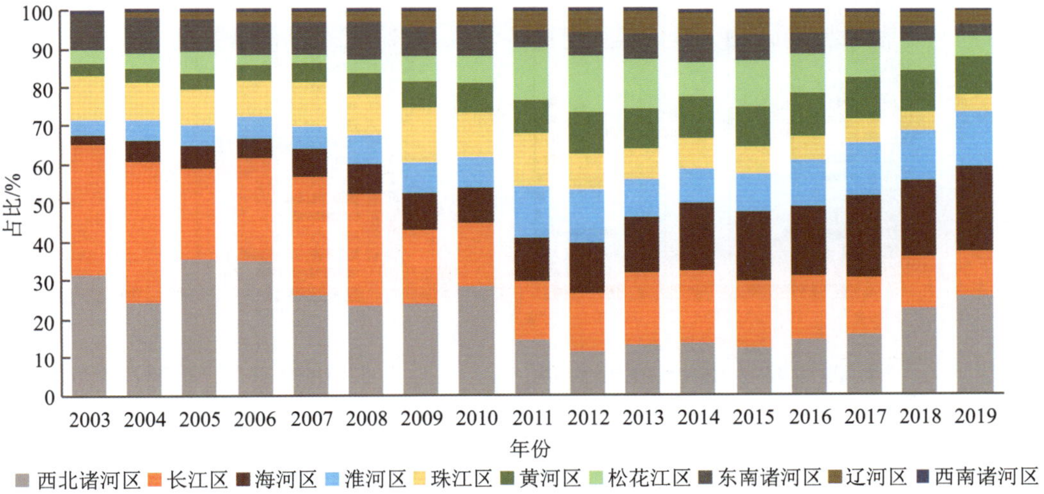

图 3.4　2003—2019 年各水资源一级区生态用水量占全国生态总用水量的比例

31 个省（自治区、直辖市）中（图 3.5），北京市、天津市、河北省、山西省、内蒙古自治区、辽宁省、吉林省、安徽省、福建省、江西省、山东省、河南省、湖北省、湖南省、海南省、重庆市、四川省、贵州省、云南省、陕西省、甘肃省、青海省、宁夏回族自治区整体平稳增加，其中辽宁省、河北省、陕西省、内蒙古自治区、甘肃省、安徽省和天津市年均增速较大，均超过了 20%；江苏省、上海市、浙江省整体平稳减少；黑龙江省生态用水量波动率较大，整体呈小幅度减少趋势，年均降速为 6%；江西省、广东省和广西壮族自治区均在 2006 年左右快速增加，在 2011 年左右快速下降至保持平稳；西藏自治区和新疆维吾尔自治区均呈先降低后快速增加的趋势，西藏自治区在 2015 年后快速增加，而新疆维吾尔自治区在 2017 年后快速增加。从各省（自治区、直辖市）生态用水量占全国生态总用水量的比例来看，新疆维吾尔自治区和内蒙古自治区占比较大，新疆维吾尔自治区从 2003 年的 30.6%波动减少到 2019 年 19.6%，平均占比 14.4%；内蒙古自治区由 2003 年的 0.9%波动上升至 2019 年的 10.0%，平均占比 10.1%；占比较小的是西藏自治区、海南省和湖北省，其中西藏自治区由 2003 年的 0.5%波动下降至 2019 年的 0.1%，平均占比 0.1%；海南省由 2003 年的 0.7%波动下降至 2019 年的 0.4%，平均占比 0.3%；湖北省由 2003 年的 0.1%波动增加至 2019 年的 0.7%，平均占比 0.4%。

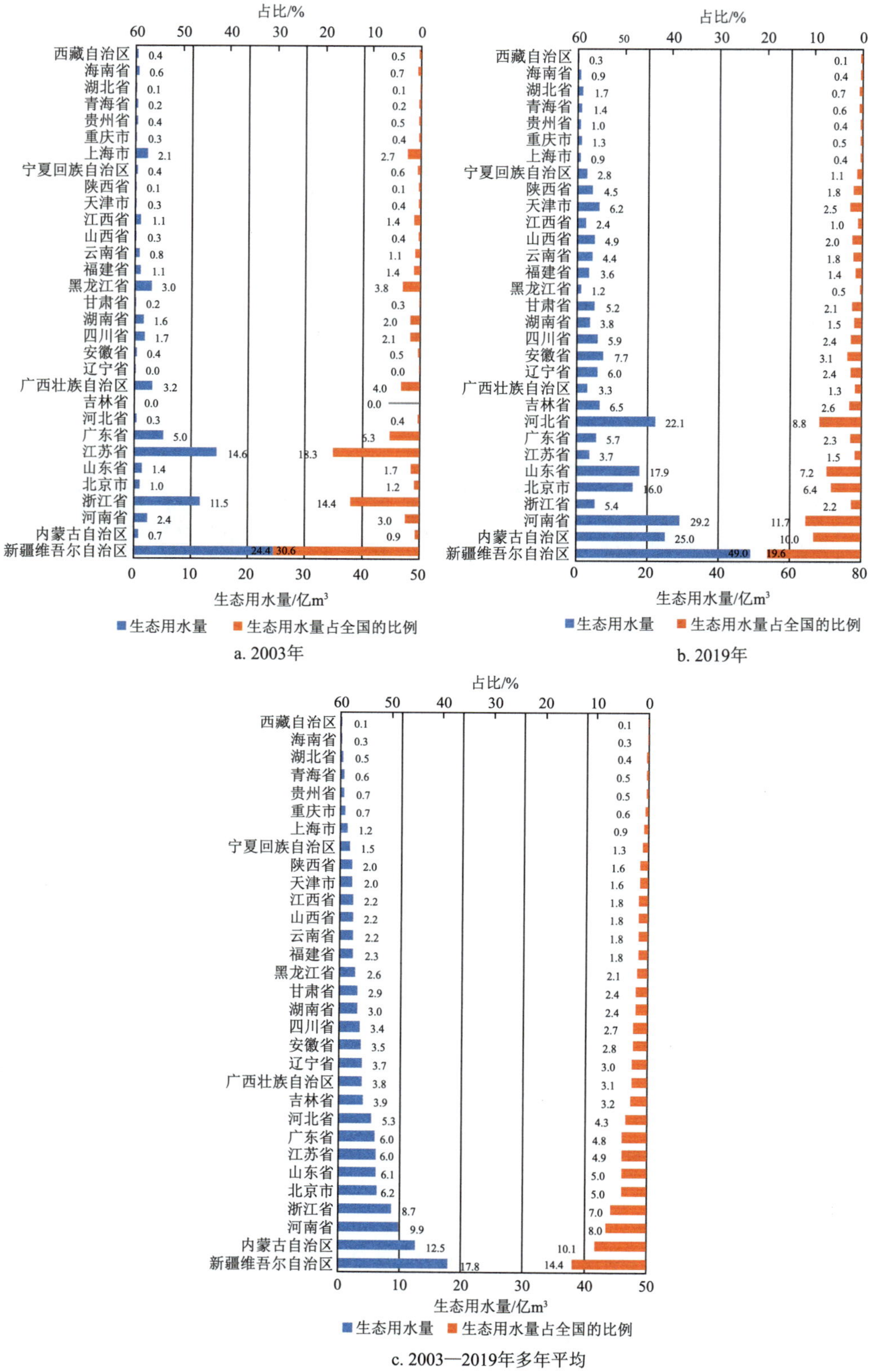

图 3.5　各省（自治区、直辖市）2003 年、2019 年和 2003—2019 年多年平均生态用水量及占全国的比例

3.2.2 我国各水资源一级区生态用水量现状

2019 年，全国生态用水量为 249.6 亿 m^3。我国各水资源一级区中，北方的西北诸河区和海河区的生态用水量较大，分别为 63.6 亿 m^3 和 54.7 亿 m^3，分别占全国生态用水量的 26%和 22%；其次为淮河区、长江区和黄河区，生态用水量分别为 35.3 亿 m^3、29.0 亿 m^3 和 24.9 亿 m^3，分别占全国生态用水量的 14%、12%和 10%；其他水资源一级区的生态用水量较少，占全国生态用水量的比例分布在 1%~5%之间（图 3.6）。

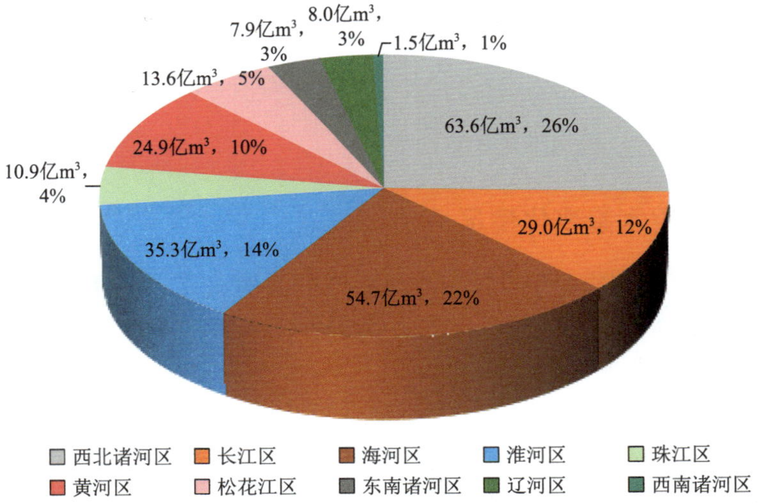

图 3.6　2019 年各水资源一级区生态用水量及占全国生态总用水量的比例

3.2.3 我国各省级行政区生态用水量现状

2019 年，我国各省级行政区中，新疆维吾尔自治区、河南省和内蒙古自治区的生态用水量较大，分别为 49.0 亿 m^3、29.2 亿 m^3 和 25.0 亿 m^3，分别占全国生态用水量的 19.6%、11.7%和 10.0%；其次为河北省、山东省和北京市，生态用水量分别为 22.1 亿 m^3、17.9 亿 m^3 和 16.0 亿 m^3，分别占全国生态用水量的 8.8%、7.2%和 6.4%；其余各省级行政区的生态用水量较低，均低于全国平均水平（8.1 亿 m^3），占全国生态用水量的比例分布在 0.1%~3.1%之间（图 3.5b）。

3.2.4 我国生态用水存在问题

水资源的无序开发和过度开发导致对生态环境用水的挤占，引发了江河断流、湖泊和湿地明显萎缩、水质污染、地下水位持续下降、地面沉降、海水入侵、林草地退化和土地沙化等日益严重的生态环境退化现象。总体来讲，我国生态用水量尚未“补足”被挤占的生态环境用水量。具体表现在以下两个方面：

1）河道内生态环境用水被挤占。由于对地表水资源的过度开发，我国北方地区挤占河湖湿地生态环境用水问题十分突出。《全国水资源综合规划（2010—2030 年）》指出，在 2008 年的水资源开发利用水平情况下，北方地区的辽河流域、海河区、黄河区、淮河区和西北诸河区的主要河流多年平均挤占河道内生态环境用水量共计 132 亿 m^3，长期累计性过度开发利用水资源已导致这些河流和相关地区生态环境的严重退化。海河区、黄河区、辽河区、西北诸河区中水资源禀赋条件较差、水资源开发利用程度较高河流（水系）的经济社会用水量挤占河道内生态环境用水量一般占其生态环境需水量的 20%~40%，河西走廊的石羊河流域可高达 46%。

2）超采地下水。截至 2008 年，全国已形成深浅层地下水超采区 400 多个，地下水超采区总面积近 19 万 km^2，主要分布在北方，其中海河平原地下水超采区面积占其平原面积的 91%。2004—2008 年，全国浅层地下水年均超采量为 141 亿 m^3，深层承压水开采量为 74 亿 m^3，两项合计不合理的地下水开采量为 215 亿 m^3。

3.3 农业用水

3.3.1 我国农业用水量变化情况

2003—2019 年，我国农业用水量呈现出早中期波动上升、后期波动下降的趋势，由 2003 年的 3516.7 亿 m^3 以 1.1%的平均增速增加到 2013 年的 3921.5 亿 m^3，后以 1.0%的平均降速减少至 2019 年的 3682.3 亿 m^3（图 3.7）。

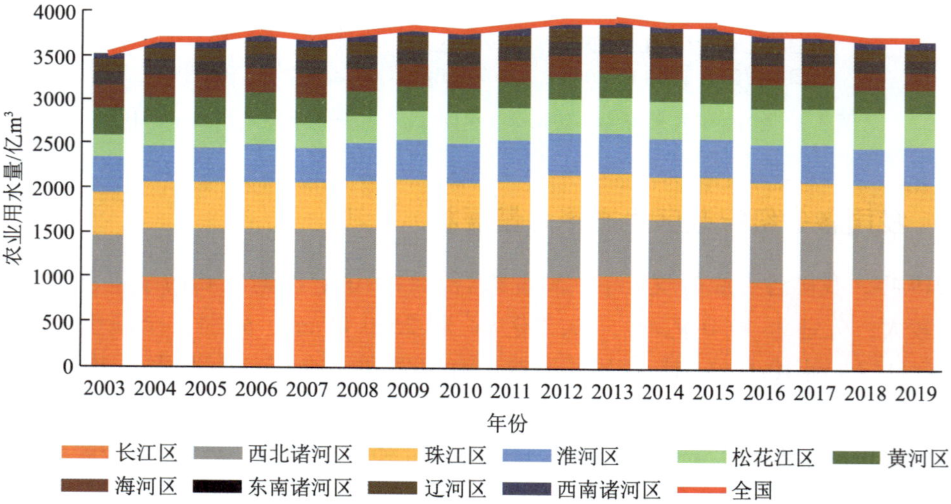

图 3.7　2003—2019 年全国及各水资源一级区农业用水量

具体到各水资源一级区，北方的西北诸河区和淮河区先上升后下降，整体小幅度上升；黄河区和辽河区呈现平稳中有降的趋势；松花江区 2003—2017 年快速增长，2017 年后下降，整体呈小幅度增长趋势；海河区呈明显下降趋势。南方各水资源一级区 2003—2017 年变化不大，均呈在 2004 年小幅度增加后趋于稳中有降的趋势，但长江区和西南诸河区整体呈不明显上升趋势，而珠江区和东南诸河区整体则呈不明显下降趋势。以上各水资源一级区增长幅度最大的是松花江区，由 2003 年的 250.7 亿 m^3 增加至 2019 年的 366.5 亿 m^3，增长了 0.5 倍，平均增速为 2.4%；其次是西南诸河区，由 2003 年的 63.6 亿 m^3

增加至2019年的83.7亿 m^3，增长了0.3倍，平均增速为1.7%；长江区、西北诸河区和淮河区增长了0.02~0.1倍。减少幅度最大的是海河区，由2003年的269.5亿 m^3 降低至2019年的212.4亿 m^3，减少了20%，平均降速为1.5%；减少幅度最小的是珠江区，由2003年的483.1亿 m^3 减少至2019年的475.9亿 m^3，减少了1%；东南诸河区、黄河区和辽河区减少了9%~15%。从各水资源一级区农业用水量占全国农业用水总量的比例看，长江区占比最大，从2003年的25.7%波动上升到2019年的27.1%，平均占比26.2%；占比较小的是西南诸河区和辽河区，西南诸河区从2003年的1.8%波动上升到2019年的2.3%，平均占比2.3%，辽河区由2003年的4.0%波动下降至2019年的3.5%，平均占比3.7%（图3.7，图3.8）。

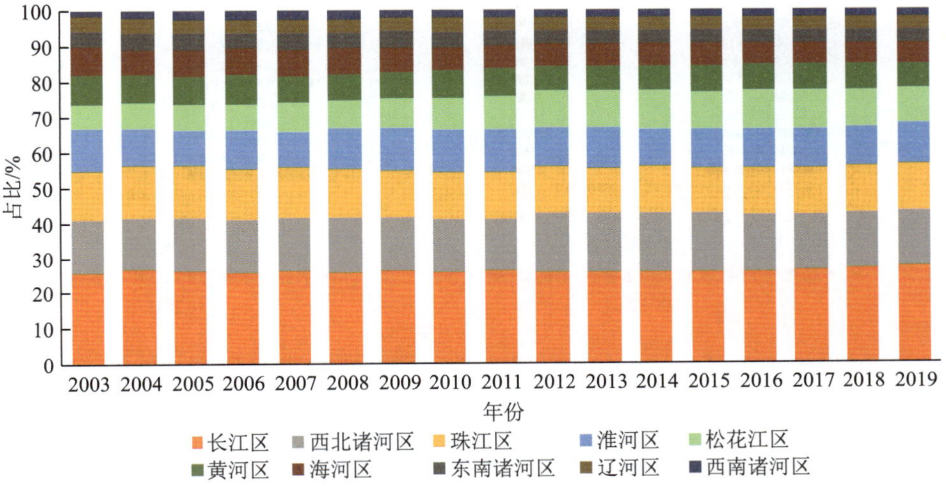

图3.8 2003—2019年各水资源一级区农业用水量占全国农业总用水量的比例

31个省（自治区、直辖市）中，北京市、天津市、河北省、内蒙古自治区、辽宁省、浙江省、福建省、山东省、湖南省、广东省、广西壮族自治区、海南省、云南省、甘肃省和青海省整体呈减少趋势，其余省份整体呈增加态势。呈减少趋势的省份中，北京市年均降速最大，为7.8%；浙江省、河北省、天津市、福建省和青海省的平均降速一般在1%~3%之间；其余省份降速均在1.0%以下。呈增加趋势的省份中，黑龙江省、安徽省和江西省年均增速较大，为2.6%~2.8%；江苏省、山西省、四川省和吉林省平均增速一般在1.0%~2.0%之间；其余省份增速均在1.0%以下。从31个省（自治区、直辖市）农业用水量占全国农业总用水量的比例来看，新疆维吾尔自治区、江苏省和黑龙江省占比较大，新疆维吾尔自治区从2003年的13.0%波动增加到2019年13.9%，平均占比13.4%；江苏省由2003年的6.4%波动上升至2019年的8.2%，平均占比7.6%；黑龙江省由2003年的5.0%波动上升至2019年的7.4%，平均占比6.9%。占比较小的是北京市、天津市和上海市，北京市由2003年的0.4%持续下降至2019年的0.1%，平均占比0.3%；天津市由2003年的0.3%波动下降至2019年的0.2%，平均占比0.3%；上海市在2003—2019年占比基本上为0.5%或0.4%，平均占比0.4%（图3.9）。

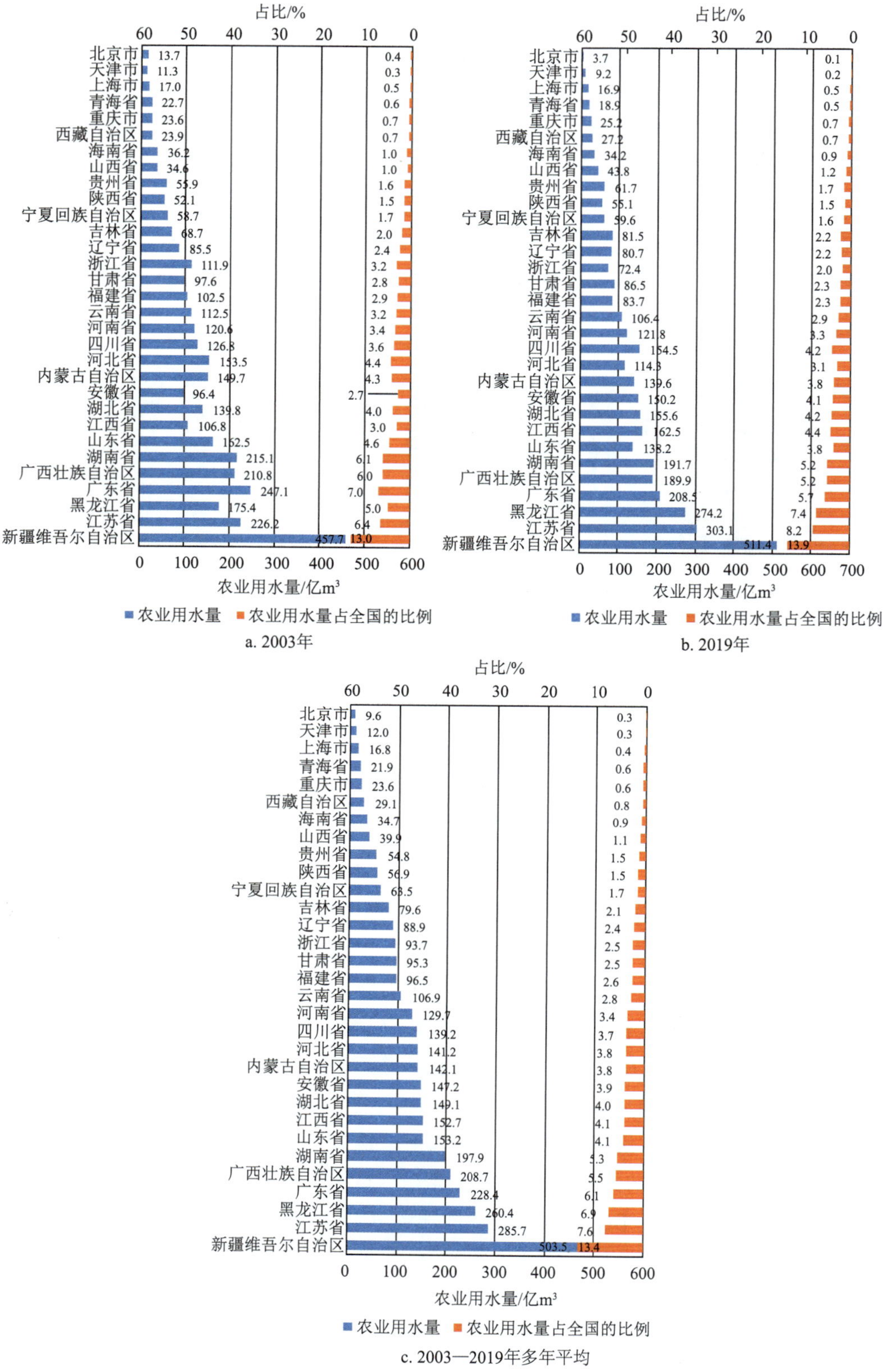

图 3.9 各省（自治区、直辖市）2003 年、2019 年和 2003—2019 年多年平均农业用水量及占全国的比例

3.3.2 我国各水资源一级区农业用水量现状

2019 年，全国农业用水量为 3682.3 亿 m^3。我国各水资源一级区中，南方的长江区和北方的西北诸河区的农业用水量较大，分别为 999.5 亿 m^3 和 590.8 亿 m^3，分别占全国农业用水量的 27%和 16%。其次为珠江区、淮河区和松花江区，农业用水量分别为 475.9 亿 m^3、426.8 亿 m^3 和 366.5 亿 m^3，分别占全国农业用水量的 13%、12%和 10%；其他水资源一级区的农业用水量较少，一般占全国农业用水量的 2%~7%（图 3.10）。

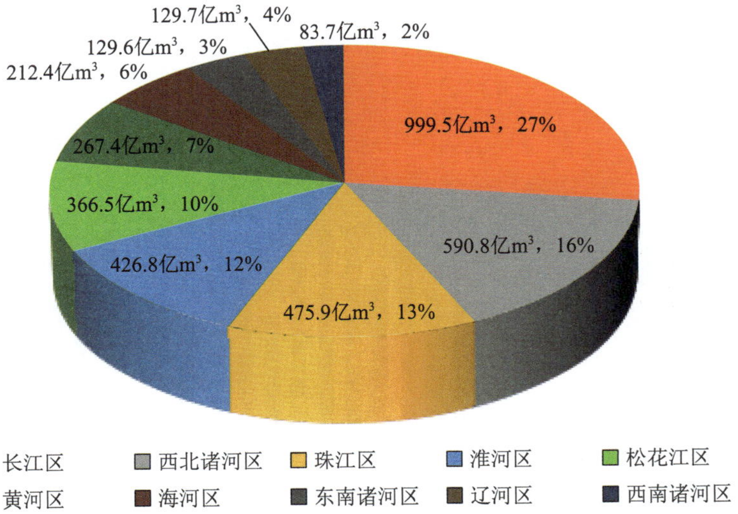

图 3.10 2019 年各水资源一级区农业用水量及占全国农业总用水量的比例

3.3.3 我国各省级行政区农业用水量现状

2019 年，我国各省级行政区中，新疆维吾尔自治区、江苏省和黑龙江省的农业用水量较大，分别为 511.4 亿 m^3、303.1 亿 m^3 和 274.2 亿 m^3，分别占全国农业用水量的 13.9%、8.2%和 7.4%；其次为广东省、广西壮族自治区、湖南省、山东省、江西省、湖北省、安徽省、内蒙古自治区、河南省和四川省，一般占全国农业用水量的 3.3%~5.7%；其余各省级行政区的农业用水量较低，均低于全国平均水平（118.8 亿 m^3），占全国农业用水量的比例在 0.1%~2.9%之间（图 3.9b）。

3.3.4 我国农业用水存在问题

近年来，我国农业用水水平有所提升，根据《中国水资源公报》统计，2003—2019 年，我国耕地实际灌溉亩均用水量总体上呈缓慢下降趋势；根据目前所有的数据，我国农田灌溉水有效利用系数逐年递增（图 3.11）。但是从农业用水比例和农田灌溉水有效利用系数看，与发达国家和世界先进水平相比还有一定的差距（图 3.12）。

此外，我国各省级行政区发展差异较大。2019 年我国农田灌溉水有效利用系数为 0.559，北京市、上海市、天津市、河北省、山东省、河南省、江苏省、黑龙江省、浙江省、吉林省、辽宁省、陕西省、海南省、甘肃省和新疆维吾尔自治区高于全国水平。其中，北京

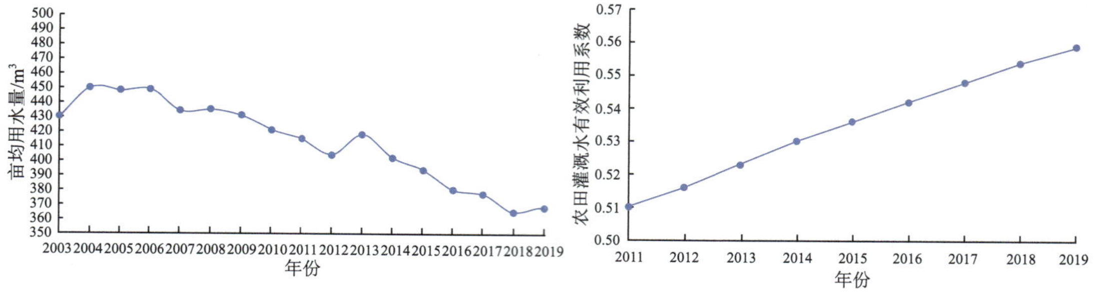

图 3.11　我国耕地实际灌溉亩均用水量与农田灌溉水有效利用系数变化

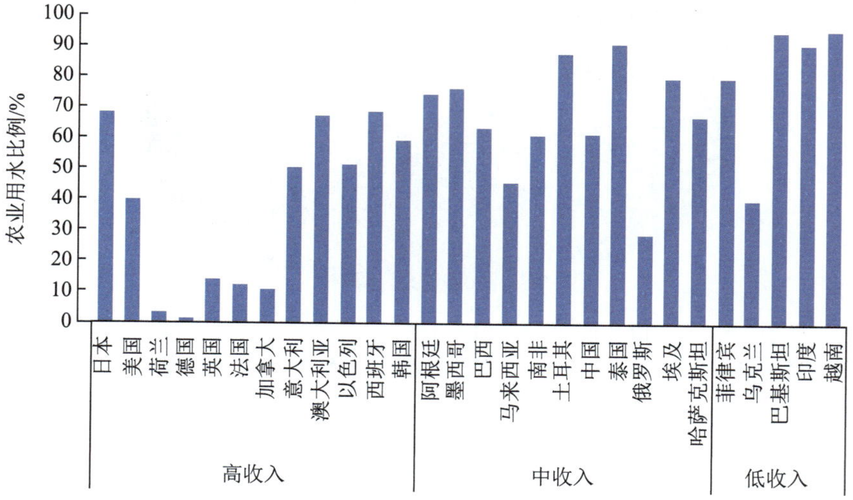

a. 农业用水比例（2019年）

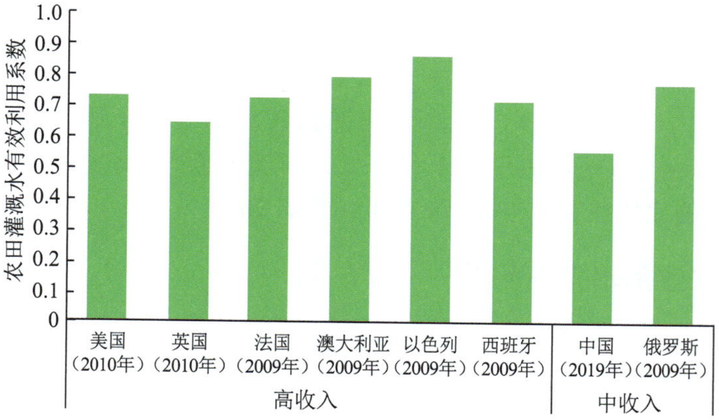

b. 农田灌溉水有效利用系数

图 3.12　我国与世界部分国家农业用水水平比较

数据来源：联合国粮食及农业组织（FAO）的 AQUASTAT 数据库；耿思敏等，2022

市、上海市和天津市较高，分别为 0.747、0.738 和 0.714；西藏自治区最小，为 0.446；其余省份一般在 0.477~0.559 之间（图 3.13）。2019 年全国的耕地实际灌溉亩均用水量为 368 m^3，各水资源一级区和各省（自治区、直辖市）的耕地实际灌溉亩均用水量受气候条件、水资源条件、灌溉水源、种植结构、节水水平等因素影响，有所差异。其中，海河区和淮河区耕地实际灌溉亩均用水量较低，不足 250 m^3，珠江区和西北诸河区耕地实际灌溉亩均用水量超过 500 m^3。河南省、北京市、山东省、河北省、山西省、天津市、安徽省、内蒙古自治区、陕西省、重庆市、浙江省、湖北省、吉林省、辽宁省和四川省低于全国水平；河南省、北京市和山东省最小，分别为 157 m^3、164 m^3 和 169 m^3，海南省、广西壮族自治区和广东省较大，分别为 907 m^3、787 m^3 和 742 m^3（图 3.13，图 3.14）。

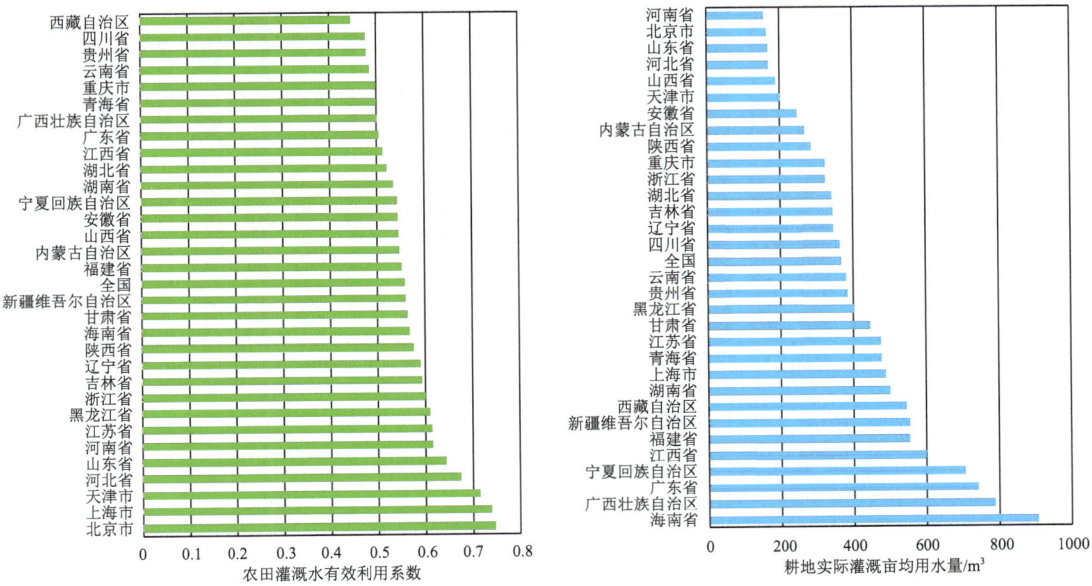

图 3.13　2019 年全国各省（自治区、直辖市）农田灌溉水有效利用系数和耕地实际灌溉亩均用水量

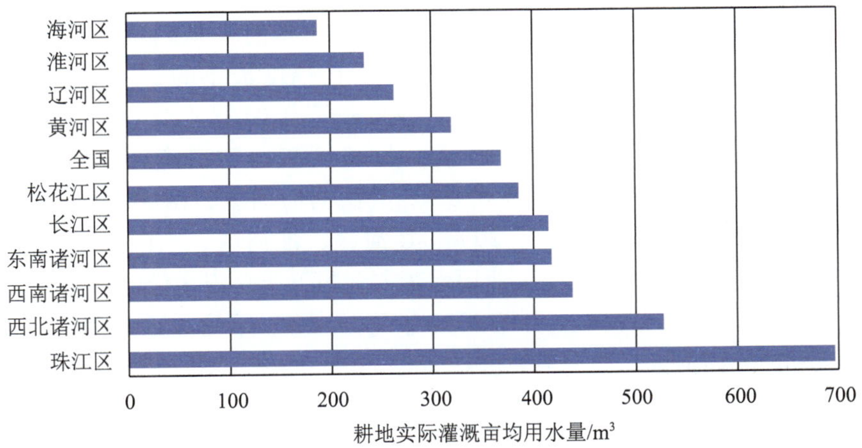

图 3.14　2019 年全国各水资源一级区耕地实际灌溉亩均用水量

3.4 工业用水

3.4.1 我国工业用水量变化情况

2003—2019年，我国工业用水量先小幅度增加后缓慢减少，整体呈小幅度增加趋势。由2003年的1177.2亿m^3以2.7%的平均增速增加到2011年的1461.8亿m^3，后以2.3%的平均降速减少至2019年的1217.6亿m^3（图3.15）。

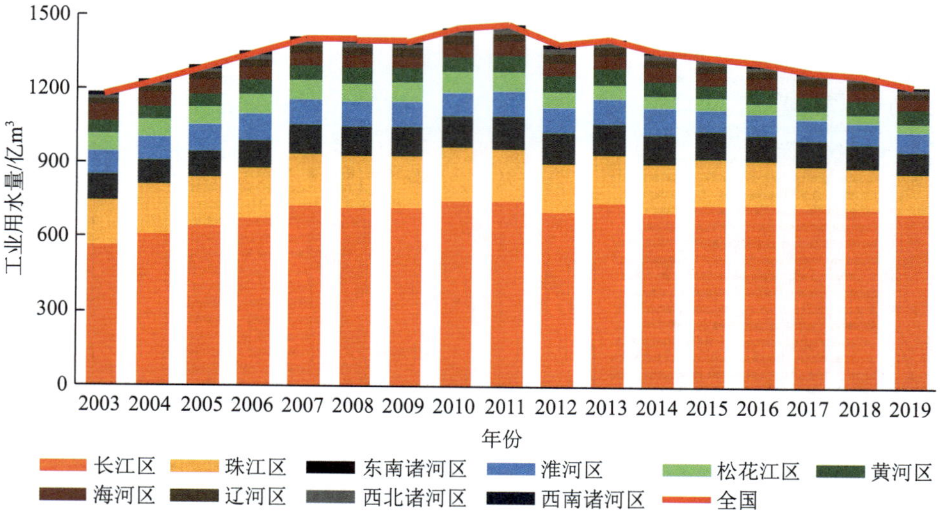

图3.15 2003—2019年全国及各水资源一级区工业用水量

具体到各水资源一级区，北方的松花江区、海河区呈明显下降趋势；淮河区波动性下降；黄河区和西北诸河区平稳中趋升；辽河区先增加后下降，整体小幅度下降。南方的长江区先增加后趋于平稳；珠江区和东南诸河区先增加后降低，整体呈小幅度下降趋势；西南诸河区先大幅度增加，到2012年后缓慢下降，总体呈明显增加趋势。以上各水资源一级区中，增长幅度最大的是西南诸河区，由2003年的4.4亿m^3增加至2019年的8.5亿m^3，增长了0.9倍，平均增速为4.2%；增长幅度最小的是黄河区，由2003年的55.1亿m^3增加至2019年的55.7亿m^3，仅增长了0.01倍；长江区和西北诸河区均增长了0.2倍。减少幅度最大的是松花江区，由2003年的74.1亿m^3降低至2019年的33.8亿m^3，减少了50%，平均降速为4.8%；其次为海河区，由2003年的59.7亿m^3减少至2019年的45.4亿m^3，减少了20%；辽河区、淮河区、东南诸河区和珠江区减少了10%~16%。从各水资源一级区工业用水量占全国工业总用水量的比例看，长江区占比最大，由2003年的48.0%波动上升至2019年的57.8%，平均占比52.7%；占比较小的是西南诸河区和西北诸河区，西南诸河区从2003年的0.4%波动上升到2019年的0.7%，平均占比0.6%；西北诸河区由2003年的1.2%波动增加至2019年的1.4%，平均占比1.4%（图3.15，图3.16）。

31个省（自治区、直辖市）中（图3.17），北京市、河北省、山西省、辽宁省、吉

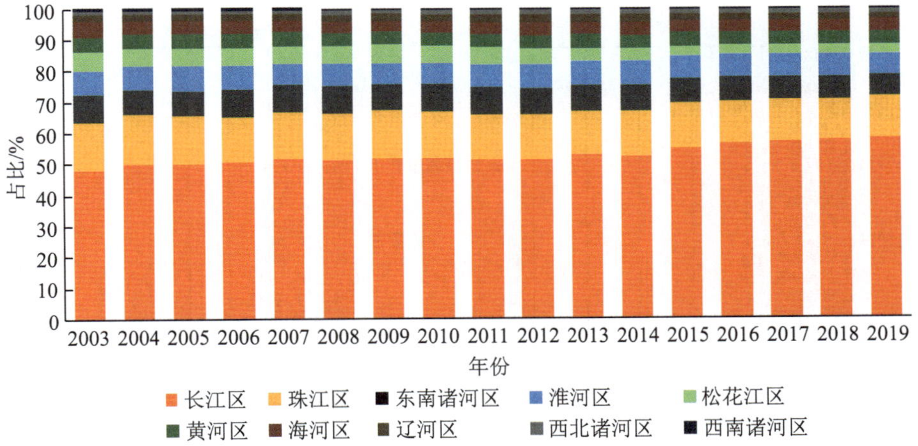

图 3.16　2003—2019 年各水资源一级区工业用水量占全国工业总用水量的比例

林省、黑龙江省、上海市、浙江省、福建省、广东省、海南省、四川省、贵州省、甘肃省和青海省整体呈减少趋势，其余省份整体呈增加态势。呈减少趋势的省份中，黑龙江省和北京市年均降速较大，分别为 6.0%和 5.1%；河北省、辽宁省、吉林省、上海市、浙江省、广东省、海南省、四川省和甘肃省的平均降速在 1%~4%之间；其余省份降速均在 1.0%以下。呈增加趋势的省份中，西藏自治区年均增速最大，为 9.7%；内蒙古自治区、江苏省、安徽省、江西省、湖南省、广西壮族自治区、云南省、宁夏回族自治区和新疆维吾尔自治区平均增速在 1.0%~3.0%之间；天津市、山东省、河南省、湖北省、重庆市和陕西省增速均在 1.0%以下。从各省（自治区、直辖市）工业用水量占全国工业总用水量的比例看，江苏省和广东省占比较大，江苏省从 2003 年的 13.2%波动增加到 2019 年 20.4%，平均占比 16.2%；广东省由 2003 年的 11.1%逐年下降至 2019 年的 7.8%，平均占比 9.3%。占比较小的是西藏自治区、海南省、青海省和宁夏回族自治区，其中西藏自治区由 2003 年的 0.03%逐年增加至 2019 年的 0.12%，平均占比 0.1%；海南省由 2003 年的 0.3%先增加后降至 2019 年的 0.2%，平均占比 0.3%；青海省由 2003 年的 0.4%波动下降至 2019 年的 0.2%，平均占比 0.3%；宁夏回族自治区由 2003 年的 0.3%波动增加至 2019 年的 0.4%，平均占比 0.3%。

3.4.2　我国各水资源一级区工业用水量现状

2019 年，全国工业用水量为 1217.6 亿 m^3。我国各水资源一级区中，南方的长江区工业用水量最大，为 704.0 亿 m^3，占全国工业用水的一半以上（58%）；其次为珠江区，工业用水量为 162.5 亿 m^3，占比为 13%；其他水资源一级区的工业用水量较少，一般占全国工业用水量的 1%~7%（图 3.18）。

3.4.3　我国各省级行政区工业用水量现状

2019 年，我国各省级行政区中，江苏省的工业用水量最大，为 248.3 亿 m^3，占全国工业用水量的 20.4%；其次为广东省、湖北省、湖南省和安徽省，占全国工业用水量的比例在 7.0%~7.8%之间；接下来为江西省、上海市、福建省、广西壮族自治区、河南省

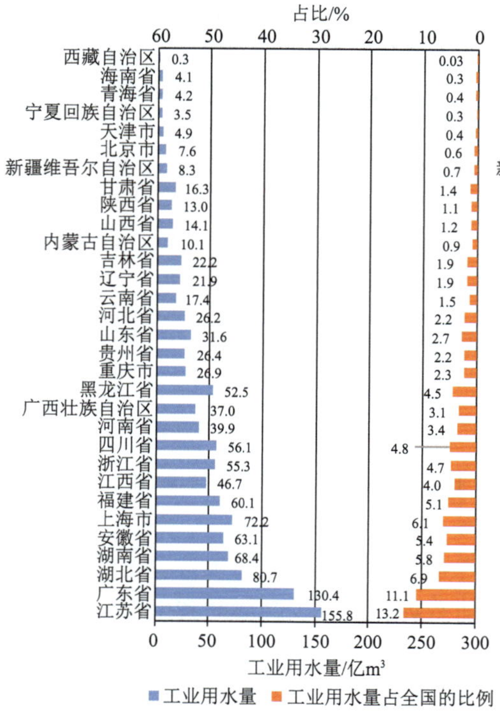

a. 2003年

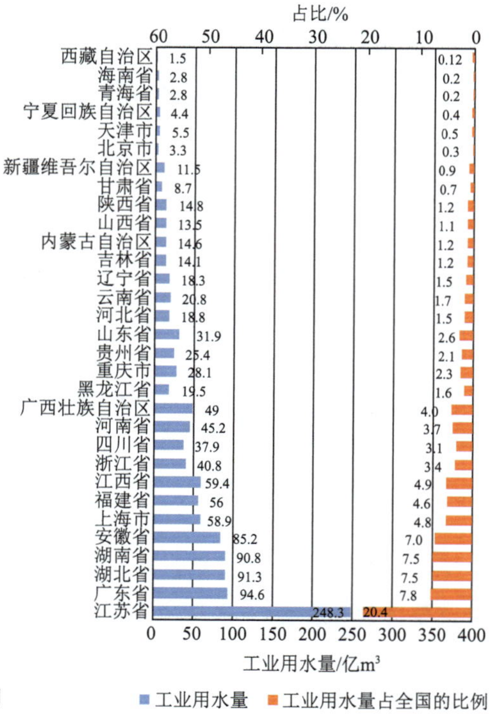

b. 2019年

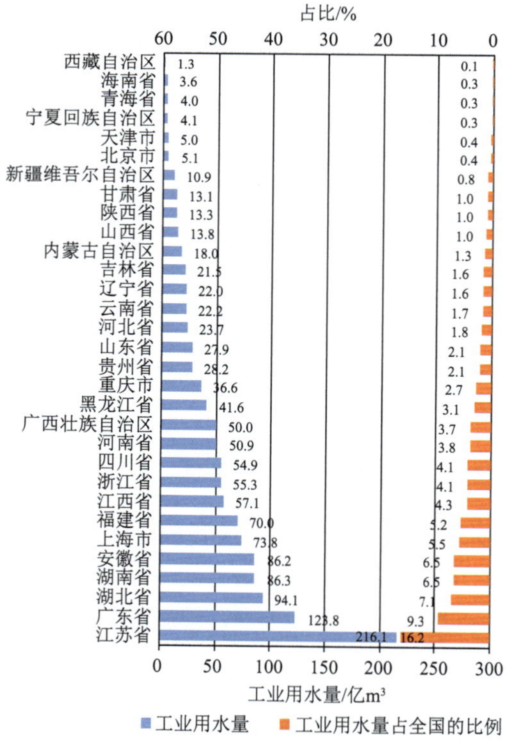

c. 2003—2019年多年平均

图 3.17　各省（自治区、直辖市）2003 年、2019 年和 2003—2019 年多年平均工业用水量及占全国的比例

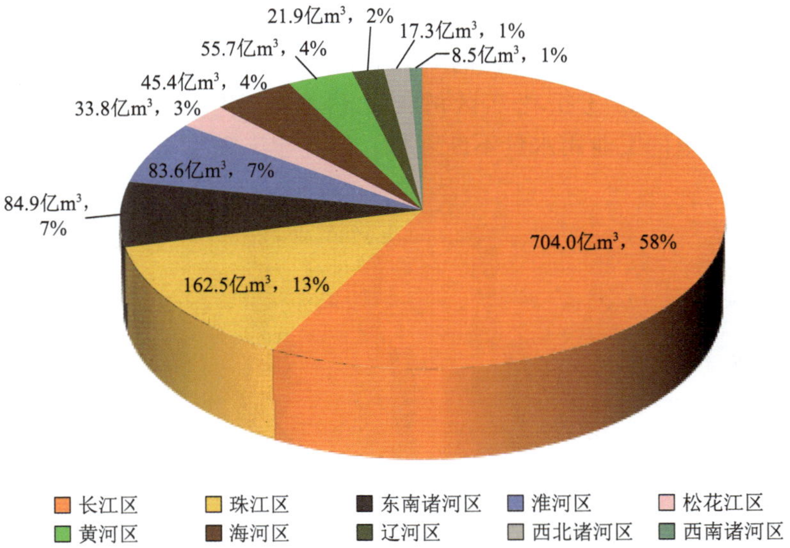

图 3.18　2019 年各水资源一级区工业用水量及占全国工业总用水量的比例

和浙江省，占全国工业用水量的比例在 3.4%~4.9%之间；其余各省级行政区的工业用水量较低，均低于全国平均水平（39.3 亿 m³），占全国工业用水量的比例在 0.1%~3.1%之间（图 3.17b）。

3.4.4　我国工业用水存在问题

（1）目前我国的工业部门用水过于集中于高耗水部门

根据《中国工业统计年鉴》，我国的工业部门用水结构中，电力、热力生产和供应业用水占比最高（图 3.19），化学原料和化学制品制造业、造纸和纸制品业、黑色金属冶炼和压延加工业、纺织业等高耗水行业用水占比分列其次，说明我国的工业部门用水过于集中于高耗水部门，存在一定的不合理性。这种不合理性在电力生产及供应业上尤为明显：①长江区的工业用水的 50%左右用于直流火核电工业，用于发电的工业用水量趋于平稳，

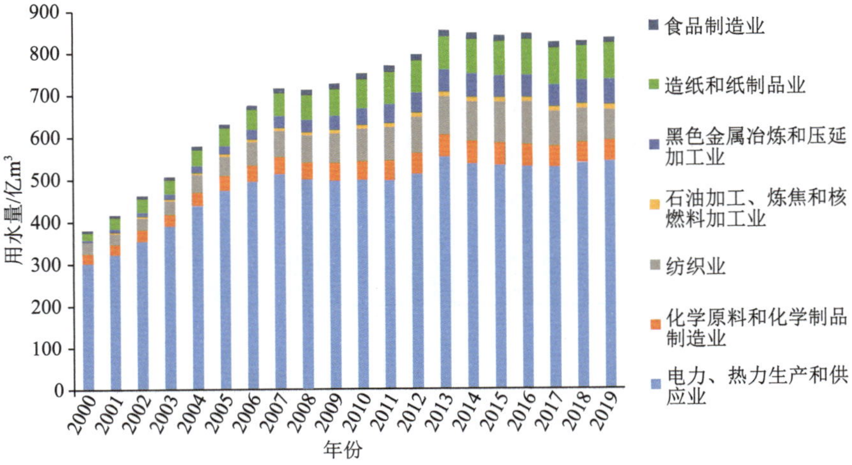

图 3.19　2000—2019 年我国工业用水量及工业用水结构

近年来随着工业用水量的降低，用于发电的工业用水量在工业用水总量中的占比增加（图 3.20）；②与长江区相比，珠江区的工业用水中用于直流火核电工业的比例明显较低，在 30%左右（图 3.21）；③松花江区的工业用水的 50%左右用于直流火核电工业（图 3.22），用于发电的工业用水量不断降低，但近年来随着工业用水总量的快速下降，

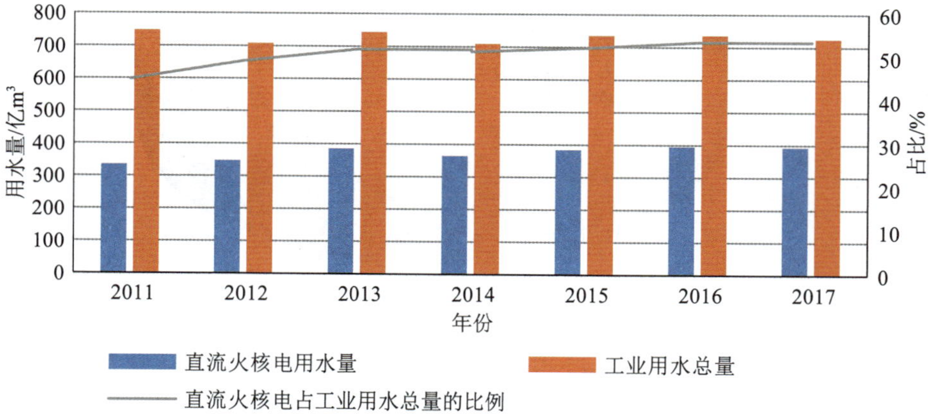

图 3.20　2011—2017 年长江区直流火核电用水量与工业用水总量

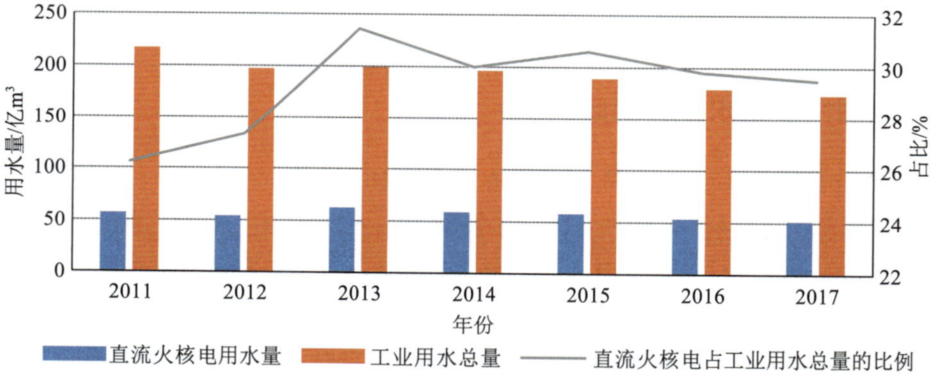

图 3.21　2011—2017 年珠江区直流火核电用水量与工业用水总量

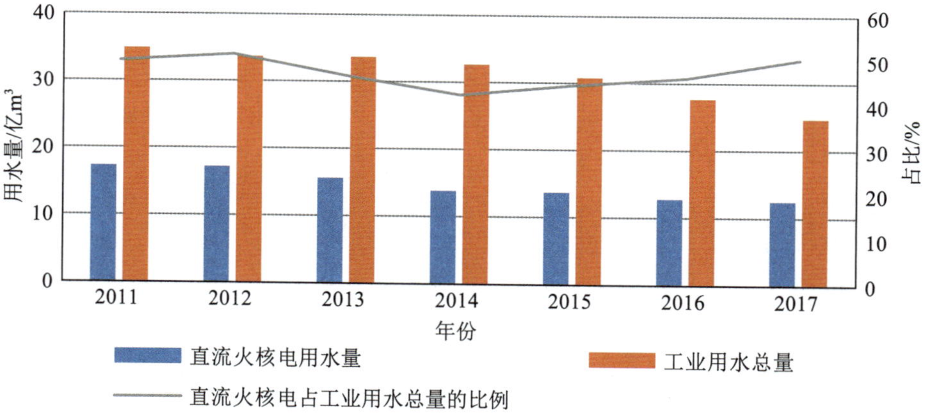

图 3.22　2011—2017 年松花江区直流火核电用水量与工业用水总量

用于发电的工业用水量在工业用水量总量中的占比增加。

（2）目前我国的工业用水水平较低

近年来，我国工业用水水平有大幅度上升，根据《中国水资源公报》统计，2003—2019 年，我国万元工业增加值用水量呈显著下降趋势（图 3.23）。但与发达国家相比还有一定的差距（图 3.24）。

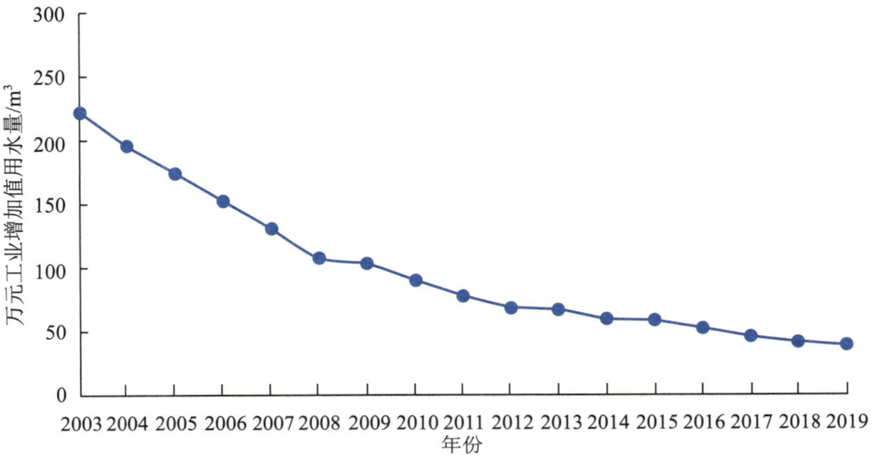

图 3.23　2003—2019 年我国万元工业增加值用水量

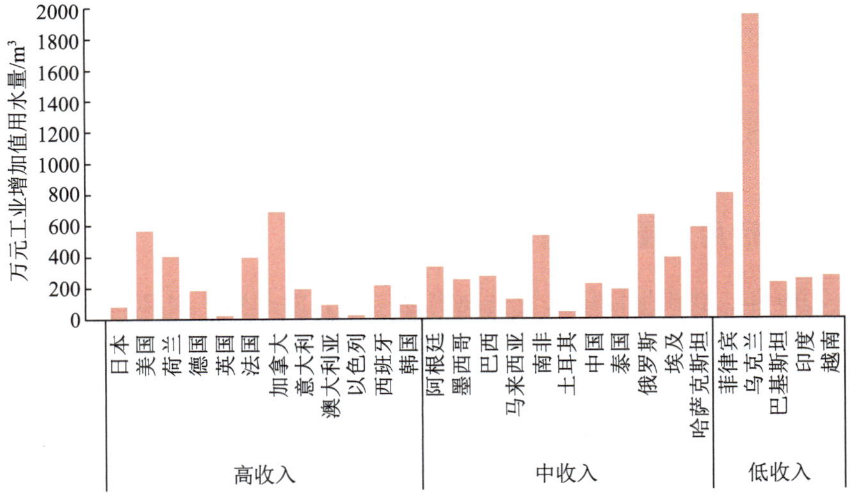

图 3.24　我国与世界部分国家和地区工业用水水平比较（2019 年）

数据来源：工业用水数据来源于 FAO 的 AQUASTAT 数据库；

各国工业增加值数据来源于世界银行（采用 2015 年不变美元价）

此外，我国各区域发展差异较大。2019 年我国万元工业增加值用水量为 38.4 m^3。各水资源一级区和各省（自治区、直辖市）的万元工业增加值用水量受水资源条件、工业产业结构、节水水平等因素影响，有所差异。其中，海河区和淮河区万元工业增加值用水量较小，不足 20 m^3；长江区、西南诸河区和松花江区万元工业增加值用水量超过 50 m^3。

北京市、天津市、河北省、山西省、辽宁省、浙江省、福建省、山东省、河南省、广东省、四川省、陕西省、甘肃省、青海省、宁夏回族自治区和新疆维吾尔自治区小于全国水平。北京市、天津市和山东省较小，分别为 7.8 m³、12.5 m³ 和 13.9 m³；西藏自治区最大，为 113.9 m³；其余省份一般在 15~93 m³ 之间（图 3.25）。

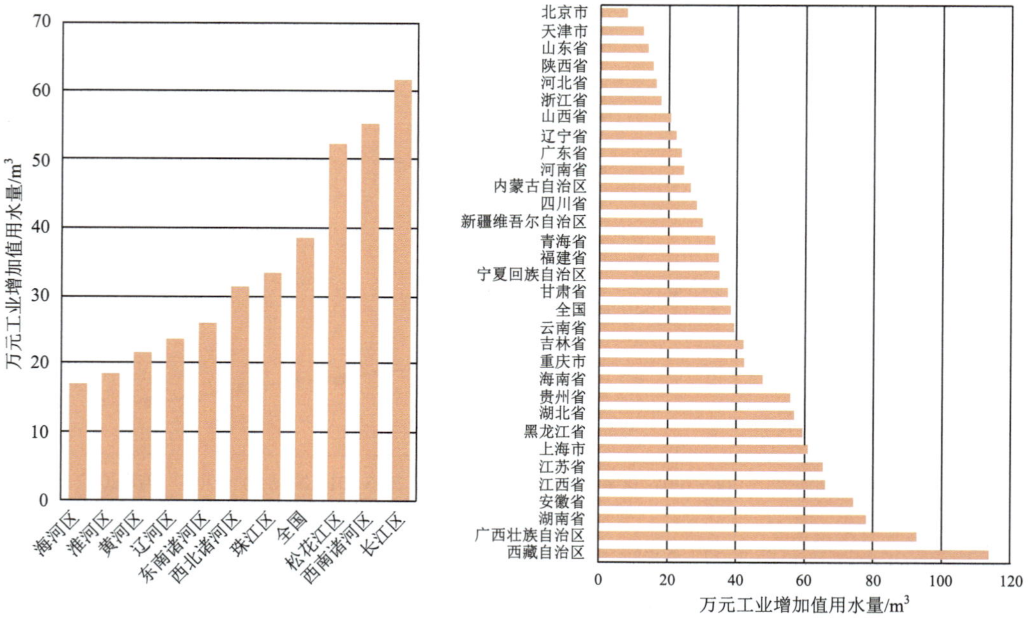

图 3.25　全国各水资源一级区和各省（自治区、直辖市）万元工业增加值用水量（2019 年）

3.5　生活用水

3.5.1　我国生活用水量变化情况

2003—2019 年，我国生活用水量呈现出逐年上升的趋势，由 2003 年的 547.0 亿 m³ 上升至 2019 年的 871.7 亿 m³，2012 年前年均增速为 3.4%，2012 年后年均增速为 2.4%（图 3.26）。

各水资源一级区均呈现整体增加态势，除西北诸河区和松花江区波动性增加外，其他水资源一级区基本上逐年增加。增长幅度最大的是西南诸河区，由 2003 年的 6.2 亿 m³ 增加至 2019 年的 11.6 亿 m³，增长了 0.9 倍，平均增速为 4.0%；其次是长江区、东南诸河区和黄河区，增长了 0.7~0.8 倍；增长幅度最小的是松花江区，由 2003 年的 27.2 亿 m³ 增加至 2019 年的 28.3 m³，平均增速仅为 0.2%；其余各水资源一级区一般增长了 0.25~0.5 倍。从各水资源一级区生活用水量占全国总生活用水量的比例看，长江区和珠江区占比较大，长江区从 2003 年的 33.9%增加到 2019 年的 38.1%，平均占比 36.3%；珠江区由 2003 年的 21.1%下降至 2019 年的 18.9%，平均占比 20.4%；占比较小的是西南诸河区和西北诸河区，西南诸河区从 2003 年的 1.1%增加到 2019 年的 1.3%，平均占比 1.2%；西北诸河区由 2003 年的 2.4%下降至 2019 年的 2.2%，平均占比 2.1%（图 3.26，图 3.27）。

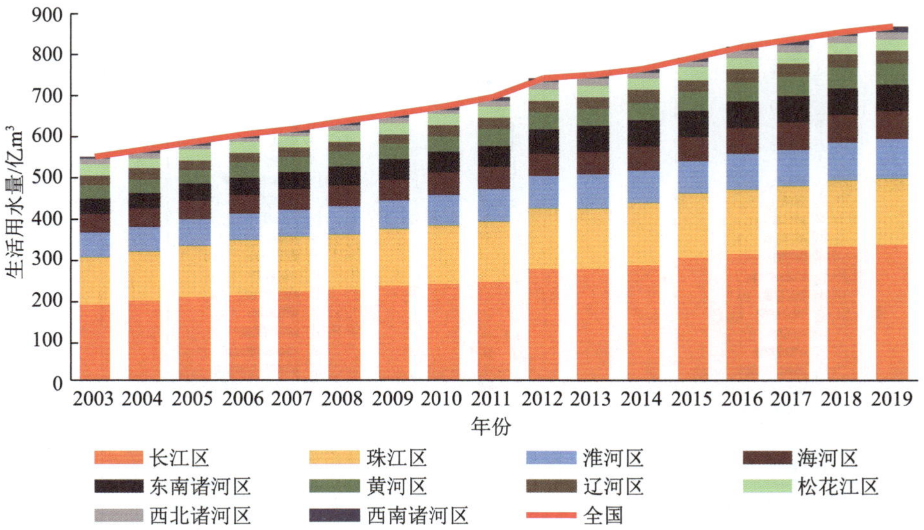

图 3.26　2003—2019 年全国及各水资源一级区生活用水量

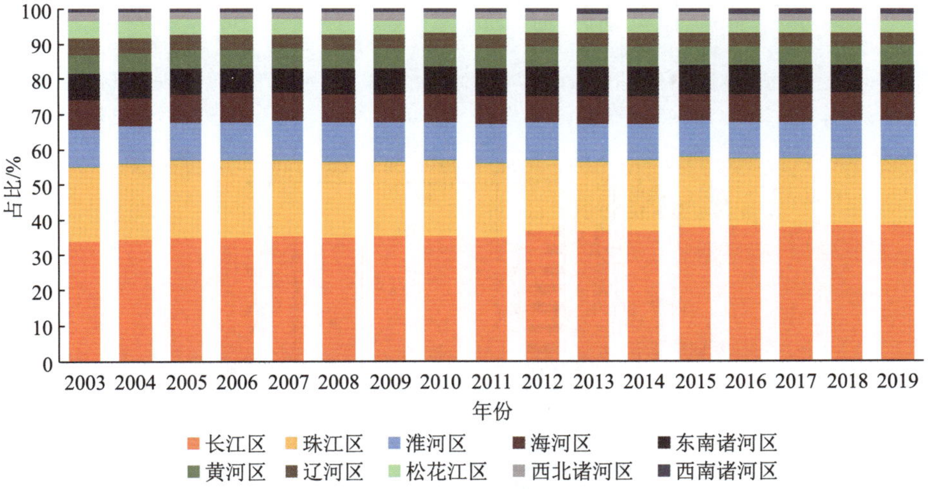

图 3.27　2003—2019 年各水资源一级区生活用水量占全国生活总用水量比例

31 个省（自治区、直辖市）的生活用水量均呈增加态势，增长幅度最大的是西藏自治区，由 2003 年的 0.6 亿 m³ 增加至 2019 年的 3.0 亿 m³，增长了 4 倍，平均增速为 10.6%；其次是湖北省、宁夏回族自治区和四川省，增长了 1.1~1.2 倍；增长幅度最小的是吉林省和黑龙江省，仅增长了 0.02~0.04 倍；其余各省级行政区增长了 0.2~0.9 倍。从各省（自治区、直辖市）生活用水量占全国总生活用水量的比例看，广东省占比最大，从 2003 年的 13.7%减少到 2019 年的 11.9%，平均占比 12.9%；占比较小的是西藏自治区、青海省和宁夏回族自治区，其中西藏自治区由 2003 年的 0.1%上升至 2019 年的 0.3%，平均占比 0.2%；宁夏回族自治区由 2003 年的 0.2%上升至 2019 年的 0.3%，平均占比 0.3%；青海省 2003—2011 年保持在 0.4%，到 2012—2018 年则降为 0.3%，至 2019 年又恢复至 0.4%，平均占比 0.3%（图 3.28）。

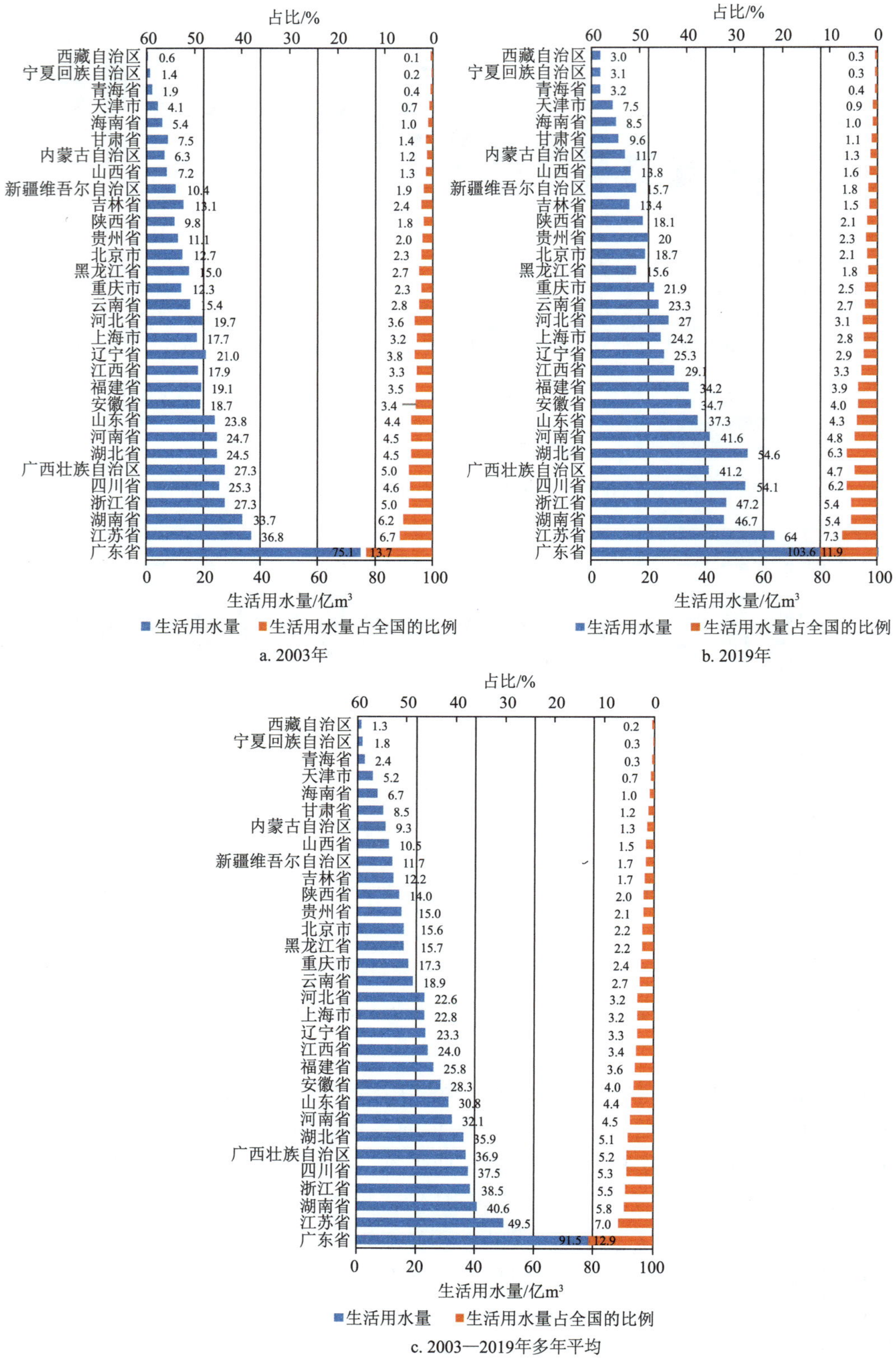

图 3.28　各省（自治区、直辖市）2003 年、2019 年和 2003—2019 年多年平均生活用水量及占全国的比例

3.5.2 我国各水资源一级区生活用水量现状

2019 年，全国生活用水量为 871.7 亿 m^3。我国各水资源一级区中，南方的长江区生活用水量最大，为 332.1 亿 m^3，占全国总生活用水量的 38%；其次为珠江区和淮河区，分别为 165.1 亿 m^3 和 95.8 亿 m^3，分别占全国总生活用水量的 19%和 11%；长江区、珠江区和淮河区三区的生活用水量占全国总生活用水量的 68%。西南诸河区和西北诸河区生活用水量较少，分别占全国生活用水量的 1%和 2%；其他水资源一级区一般占 3%~8%（图 3.29）。

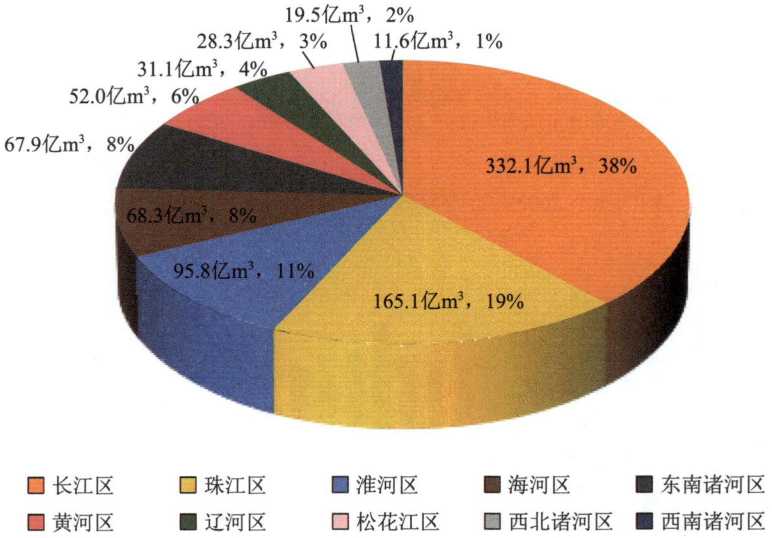

图 3.29　2019 年各水资源一级区生活用水量及占全国生活总用水量的比例

3.5.3 我国各省级行政区生活用水量现状

2019 年，我国各省级行政区中，广东省生活用水量最大，为 103.6 亿 m^3，占全国总生活用水量的 11.9%；其次为江苏省、湖北省、四川省、湖南省、浙江省，占全国总生活用水量的 5.4%~7.3%；再次之为安徽省、福建省、江西省、山东省、河南省和广西壮族自治区，占全国总生活用水量的 3.3%~4.8%；其余各省级行政区的生活用水量较低，均低于全国平均水平（28.1 亿 m^3），占全国生活用水量的比例在 0.3%~3.1%之间（3.28b）。

3.5.4 我国生活用水存在问题

人均城镇居民生活用水量是一个表征城市生活用水水平的重要指标，随着城市化率的提升，城市人口不断增加，用水习惯的改变以及公共用水的增加使得人均生活用水量不断提升。但是，在城市化率达到一定阶段之后，随着用水效率的提升以及用水政策的调整，人均城镇居民生活用水量开始进入缓慢下降的阶段。目前我国城市化率为 60%，远低于美国（82%）、英国（83%）、法国（81%）、日本（92%）等发达国家，因此理论上我国人均城镇居民生活用水量还会有一定程度的增加。根据《中国水资源公报》统计，

2003—2019 年，我国人均城镇居民生活用水量（含公共用水）确实总体呈上升趋势（图 3.30），但与发达国家相比还有一定的差距（图 3.31，图 3.32）。

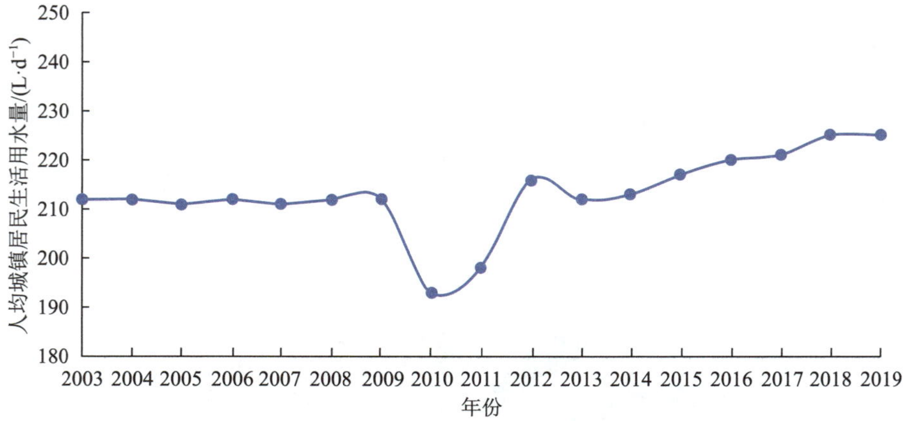

图 3.30　2003—2019 年我国人均城镇居民生活用水量

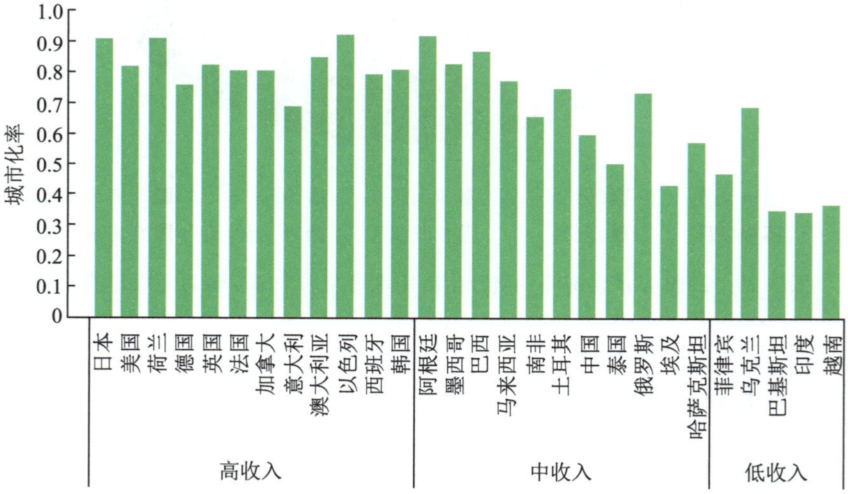

图 3.31　我国与世界部分国家和地区城市化率比较（2019 年）

数据来源：城市人口和总人口数据来源于 FAO 的 AQUASTAT 数据库

此外，我国各区域发展差异较大。2019 年我国人均城镇居民生活用水量（含公共用水）为 225 L/d。各水资源一级区和各省（自治区、直辖市）的人均城镇居民生活用水量受气候条件、水资源条件、生活水平、生活习惯等因素影响，有所差异。其中，海河区、黄河区、淮河区和松花江区人均城镇居民生活用水量较小，不足 170 L/d；珠江区和东南诸河区人均城镇居民生活用水量超过 270 L/d。西藏自治区、湖北省、海南省、广西壮族自治区、上海市、广东省、福建省、浙江省、江苏省、湖南省、北京市、贵州省、重庆市、四川省、江西省和新疆维吾尔自治区高于全国水平。西藏自治区最大，为 646 L/d；山东省和山西省较小，分别为 123 L/d 和 129 L/d；其余省份在 140~360 L/d 之间（图 3.33）。

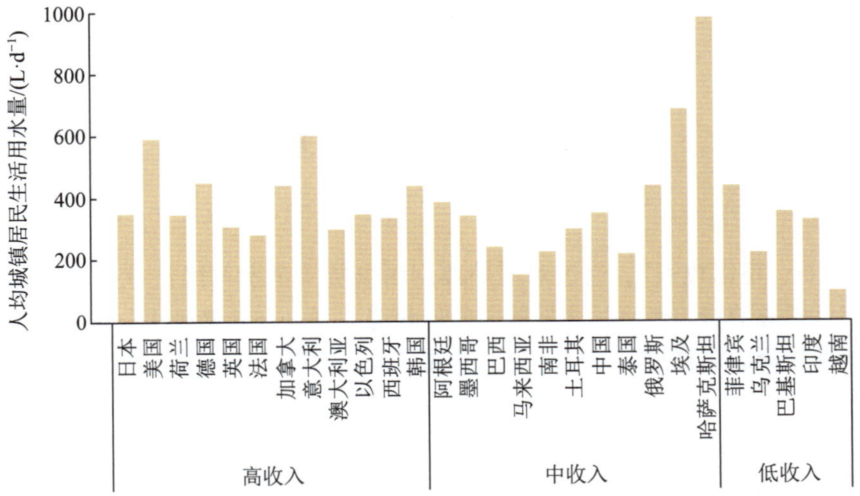

图 3.32　我国与世界部分国家和地区人均城镇居民生活用水量比较（2019 年）

数据来源：生活用水数据、城市人口和总人口数据来源于 FAO 的 AQUASTAT 数据库

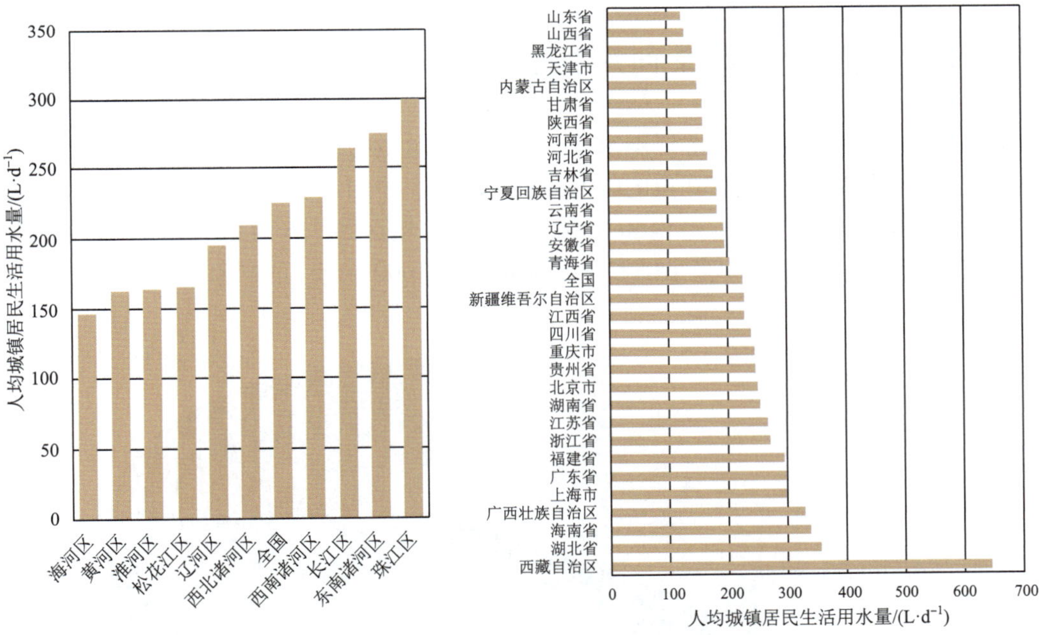

图 3.33　全国各水资源一级区和各省（自治区、直辖市）人均城镇居民生活用水量（2019 年）

第4章 2050年中国水资源需求分析

“它山之石，可以攻玉”，通过对国外典型国家资源消费与经济社会发展诸要素的深入分析，揭示资源消费与经济社会发展之间的相关关系，在此基础上，建立预测模型，可系统预测我国的资源消费量。此研究思路和相应的预测模型在矿产资源需求预测中已得到较好的应用（王安建等，2002，2008，2010，2017；闫强等，2011；王高尚等，2017）。水资源消费同样受经济社会发展诸多要素影响，在此研究思路的指导下，本书尝试在需水量预测中重点采用典型国家用水轨迹类比法，即根据典型国家农业用水、工业用水以及生活用水与经济社会发展要素之间的关系，结合我国用水和经济社会发展特点建立相应的预测模型，预测我国未来农业需水量、工业需水量和生活需水量。由于其他典型国家并没有明确记载生态用水量，因此我国生态需水量的预测并未采用该方法。

4.1 发达国家水资源利用概述

根据FAO对2019年全球主要国家（183个）用水量的统计，全球主要国家总用水量约4万亿m^3，用水量位居前10位的国家分别为印度、中国、美国、印度尼西亚、巴基斯坦、伊朗、墨西哥、菲律宾、越南和日本，其用水总量达到2.6万亿m^3，占世界总用水量的65%（图4.1）。在180多个国家中用水量超过1000亿m^3的国家有5个，分别是印

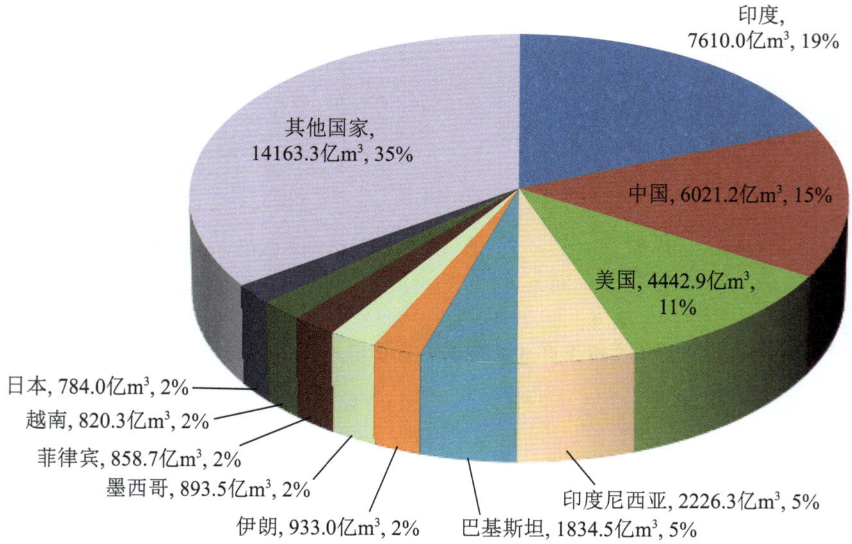

图4.1 全球水资源利用情况

数据来源：FAO的AQUASTAT数据库

度、中国、美国、印度尼西亚和巴基斯坦（图 4. 1）。

FAO 中统计的用水类型包括农业（包括灌溉、畜牧业和水产养殖）用水、工业用水和市政（包括生活）用水。市政用水指主要供人口直接使用的年取水量，通常按公共配水管网的总取水量计算。在 4 万亿 m^3 的用水量中，农业用水占 71. 6%，市政用水占 12. 9%，工业用水占 15. 5%。亚洲国家农业用水占比普遍较大，北美国家工业用水占比较大。在用水总量位列前 10 的国家中，除美国之外，其他 9 个国家农业用水占比均超过了工业用水，农业用水所占比例高于 80%的国家有 5 个，其中印度、巴基斯坦、伊朗、越南高达 90%以上（图 4. 2）。

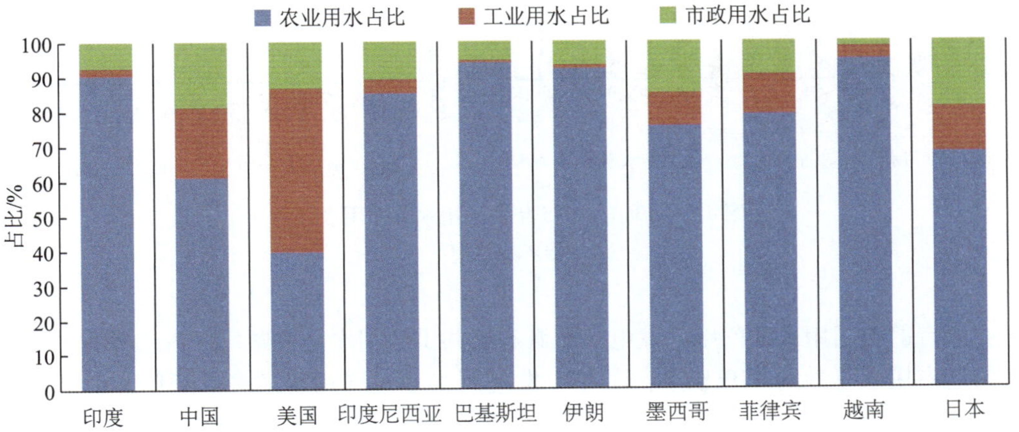

图 4. 2　全球用水量排名前 10 位的国家的用水结构

4. 1. 1　美国

美国水资源消费数据由美国地质调查局（USGS）负责统计，从 1950 年开始，USGS 创建了美国水资源利用项目（NWUSP），每 5 年公布一次美国用水情况。从 1950 年开始到 2015 年，持续了 65 年。USGS 先后从联邦各个州和其他政府机构移接水资源利用数据，是美国最权威的水资源数据发布机构。

从 1950 年开始，USGS 就从灌溉、畜牧、水产养殖、发电、矿业、工业自供水、公共供水和家庭自给供水等部门统计了用水情况。其中，灌溉、畜牧、水产养殖用水属于农业用水，发电、矿业、工业自供用水属于工业用水，公共供给用水和家庭自给用水属于市政用水。

1950—2015 年，美国的总用水量呈现出先上升后下降的趋势，大致可以分为 3 个阶段：快速上升期、缓慢下降期以及快速下降期（图 4. 3）。①1950—1980 年，总用水量一直呈现上升趋势，1980 年达到用水高峰 6128 亿 m^3，年均增速为 3. 0%。总用水量的快速增加源于工业用水的快速增加，其占比从 1950 年的 40. 7%增加至 1980 年的 57. 0%，农业用水占比则由 50. 5%下降至 34. 8%，市政用水占比变化较小，由 1950 年的 8. 8%缓慢下降至 1980 年的 8. 2%。②1980—2005 年，总用水量呈现轻微下降趋势，总体维持平衡。这一时期，工业用水占比和农业用水占比均缓慢下降，分别下降至 2005 年的 54. 5%和 33. 7%，市政用水占比增加至 1980 年的 11. 8%。③2005 年总用水量开始快速下降，至

2015 年下降至 4443 亿 m^3，下降至 1970 年之前的水平，其中工业用水量下降幅度较大，下降了 32%，其占比从 2005 年的 54.5%下降至 2015 年的 47.2%，农业用水占比由 33.7%上升至 39.7%，市政用水占比则由 11.8%增至 13.1%。

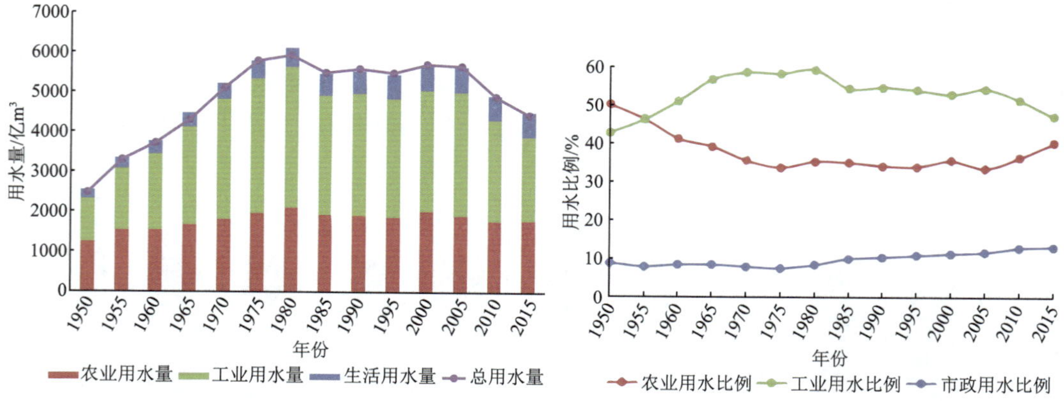

图 4.3　1950—2015 年美国用水量及用水结构

数据来源：USGS

在所有的美国用水部门中，发电、灌溉和公共供给用水是美国用水占比较大的 3 个部分，长期占用水总量的 78%以上。其中，发电用水是美国用水最多的部门，最高占比可达 49%（图 4.4）。

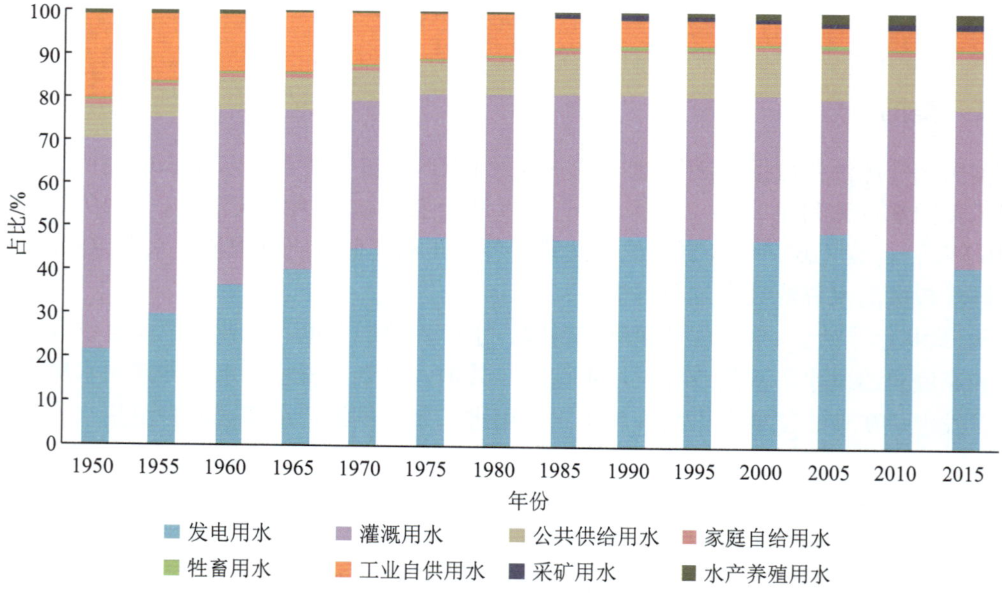

图 4.4　1950—2015 年美国各部门用水占比

数据来源：USGS

美国工业用水量变化趋势与总用水量一致（图 4.5）。①1950—1980 年，工业用水量由 1950 年的 1032.8 亿 m^3 快速增加至 1980 年的 3491.9 亿 m^3，主要源于发电用水量的快速增加，其占比从1950年的53.5%增加至1980年的83.1%，工业自供水占比则由46.5%下降至16.9%。②1980—2005年，工业用水量呈现轻微下降趋势，发电用水量轻微下降的同时，占比继续上升至2005年的90.2%。③2005—2015年，工业用水量从3079.8亿m^3快速下降至2015年的2097.1亿m^3，主要源于发电用水量的快速减少，发电用水占比由2005年的90.2%下降至2015年的87.6%。此时期发电用水量快速减少的主要原因是大部分电厂中直流冷却系统关闭，采取了新的冷却系统。根据美国能源信息署（EIA）的统计，从2001年开始，美国火力发电量呈现平稳上升趋势，相对应的发电厂数量也呈现平稳上升趋势。由于直流冷却系统的关闭和天然气发电比例的提升，导致火电厂用水效率的提升，发电用水量呈现逐年下降的趋势。

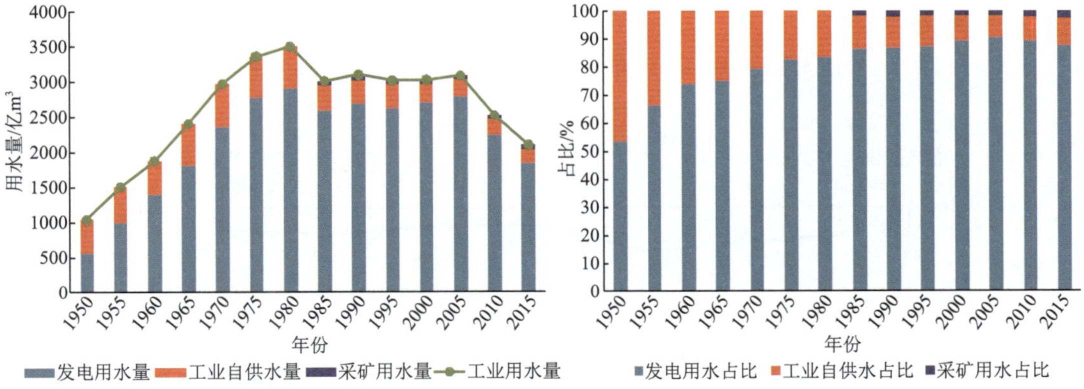

图4.5　1950—2015年美国工业用水量及各部门用水占比

美国农业用水变化趋势与总用水量的变化较一致，决定农业用水变化的主要因素是灌溉用水，长期占农业用水量的91%以上，最高占比达到97%。①1950—1980年，农业用水量由1281.2亿m^3快速增加至2133.6亿m^3，占主导地位的灌溉用水的比例从96.0%增加到了97.1%。②1980—2000年，农业用水量呈现先下降后上升的趋势，总体维持平稳。这一阶段的灌溉用水占比由97.1%下降至94.5%。③2000—2015年，农业用水量快速下降后保持平稳，由2033.0亿m^3下降至1762.1亿m^3，这一阶段的灌溉用水占比由94.5%下降至92.5%（图4.6）。美国灌溉用水及农业用水下降的一个主要原因是水分利用效率的提升，美国1984—2013年西部17个州的灌溉面积和用水量的资料显示（图4.7），在灌溉面积变化不大的前提下，漫灌面积占比从62%降低至24%，漫灌用水量占比从71%降低至41%；喷灌面积占比从37%增加至76%，喷灌用水量占比从28%增加至59%；用水效率上，喷灌单位面积的用水量约为漫灌的51%。

美国的市政用水量从1950年的222.4亿m^3平稳增加到2005年的664.9亿m^3，然后快速下降到2015年的583.8亿m^3。公共供给用水占比较大，长期占市政用水量的87.0%以上，最高占比达到92.4%（图4.8）。

4.1.2　法国

1980—2019年，法国总用水量整体呈现先增加后降低的趋势（图4.9）。具体为：总用水量从1980年的309.7亿m^3快速增加到1992年的392.2亿m^3，年均增速为2.0%；接着以

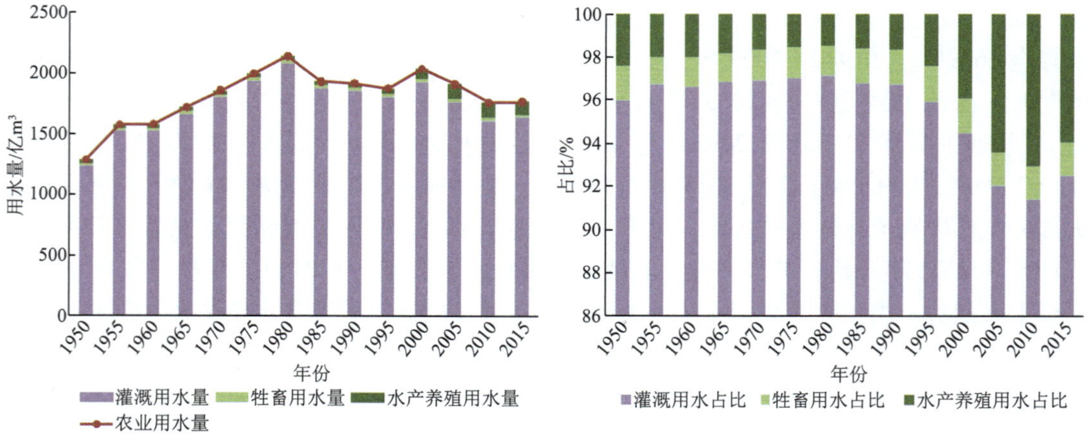

图 4.6　1950—2015 年美国农业用水量及各部门用水占比

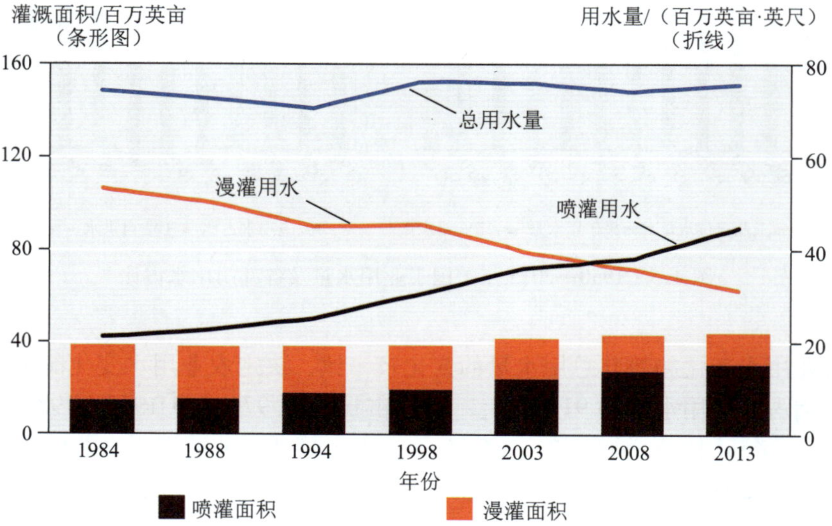

图 4.7　1984—2013 年美国西部 17 个州的灌溉面积和用水量

数据来源：美国农业部经济研究中心

1 英亩（ac.）= 4046.856 m²；1 英尺（ft）= 0.3048 m

5.0%的年均降速快速下降至 1997 年的 303.4 亿 m³；然后缓慢增加至 2004 年的 339.6 亿 m³，年均增速为 1.6%；最后以 1.7%的年均降速缓慢下降至 2019 年的 262.7 亿 m³。

工业用水量的变化趋势与总用水量一致。工业是法国最大的用水部门，长期占总用水量的 67%以上，最大占比达到 72%。市政与农业用水量较小且历年来变化较小，分别保持在 55 亿 m³ 和 40 亿 m³ 左右，市政用水比例比农业用水比例稍大，但都在 10%~20%之间。

根据 FAO 数据显示，法国发电用水在 1985—2019 年占工业用水量的 79%以上，最高占比达到 96%（图 4.10）。灌溉用水量占农业用水量的比例较大，1992—2019 年占比区间为 81%~100%（图 4.11）。

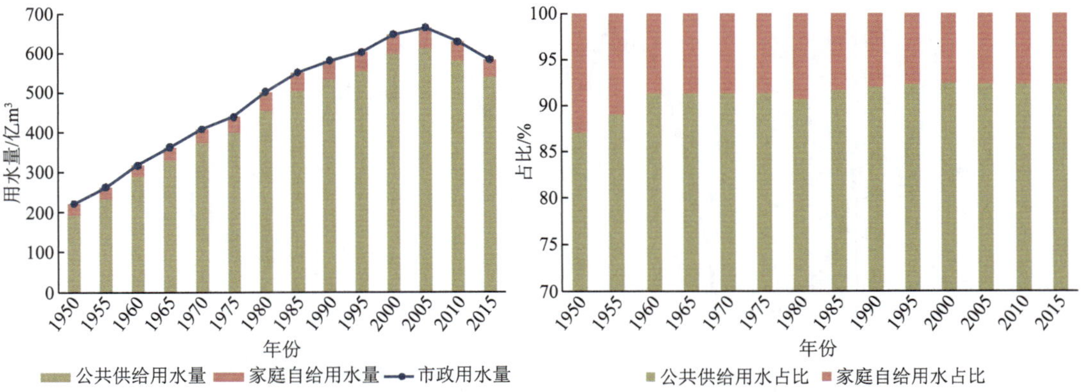

图 4.8　1950—2015 年美国市政用水量及各部门用水占比

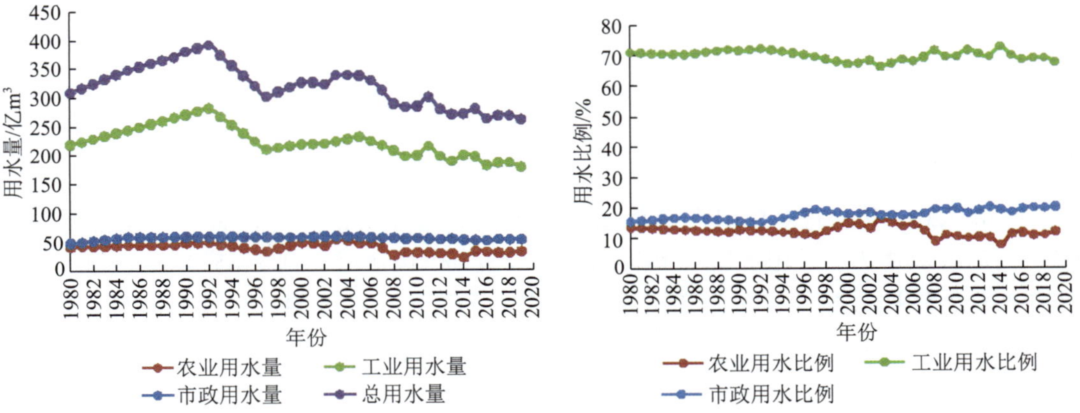

图 4.9　1980—2019 年法国用水量及用水结构

数据来源：FAO

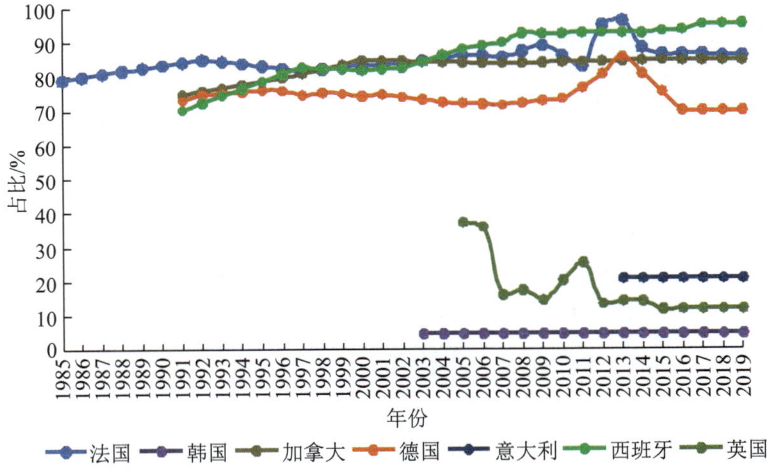

图 4.10　发达国家发电用水占比

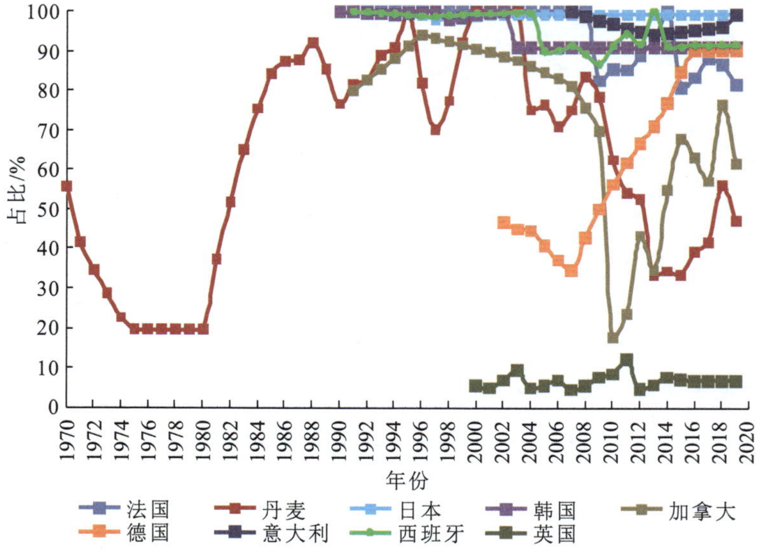

图 4.11　发达国家灌溉用水占比

4.1.3　丹麦

1970—2019 年，丹麦总用水量总体呈现先快速增加后快速降低再平稳增加的趋势（图 4.12）。具体为：总用水量从 1970 年的 7.2 亿 m^3 快速增加到 1985 年的 17.0 亿 m^3，年均增速为 5.9%；接着以 5.1%的年均降速快速下降至 2003 年的 6.6 亿 m^3；最后波动增加至 2019 年的 9.5 亿 m^3，年均增速为 2.3%。

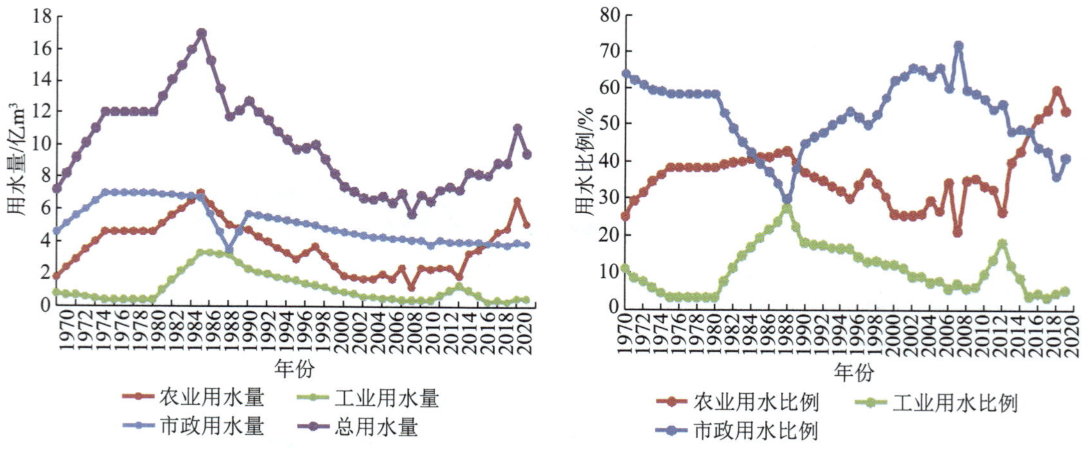

图 4.12　1970—2019 年丹麦用水量及用水结构

数据来源：FAO

丹麦的用水部门中，农业用水量变化趋势与总用水量较一致，市政用水量大体呈现先缓慢增加后经历 1985—1990 年的快减快增后缓慢下降的趋势，而工业用水量在 1970—2019 年总体表现出先快速增加后缓慢下降的变化趋势。

丹麦的 3 个用水部门占比变化较大。其中，市政用水占比在多数年份位居首位，占比在 29.9%~71.9%之间，但在 1985—1988 年和 2015—2019 年低于农业用水占比；工业用水在 3 个用水部门中占比最小，在 3.3%~27.3%之间。

根据 FAO 数据显示，1970—2019 年灌溉用水量占农业用水量的比例变化较大，最低占比为 19.6%，最高占比为 100%（图 4.11）。

4.1.4 日本

1980—2019 年，日本总用水量呈现缓慢增加后缓慢降低的趋势，总体变化不大（图 4.13）。具体为：总用水量从 1980 年的 882 亿 m^3 缓慢增加到 2000 年的 904.4 亿 m^3，年均增速仅为 0.1%；接着以 0.7%的年均降速缓慢下降至 2019 年的 784 亿 m^3。

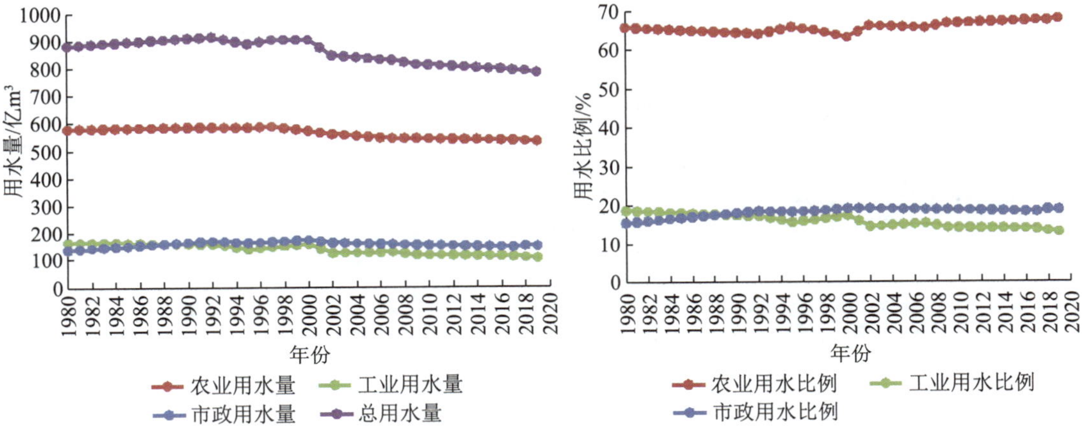

图 4.13 1980—2019 年日本用水量及用水结构

数据来源：FAO

日本的用水部门中，农业用水量和市政用水量变化趋势与总用水量较一致，工业用水量则在 1980—1995 年缓慢下降然后经历短暂的上升后继续在 2001—2019 年缓慢下降。

日本的 3 个用水部门占比变化较为平缓。其中，农业用水占比遥遥领先，长期占总用水量的 63%以上，最高占比达到 68%。市政用水占比在 1989 年之前平均为 16.6%，低于工业用水占比，但 1989 年之后超过工业用水成为第二用水部门，并且超额越来越大，到 2019 年市政用水占比约为 18.9%，而工业用水占比则为 13.1%。

根据 FAO 数据显示，日本灌溉用水量占农业用水量的比例较大，1992—2019 年占比区间为 98%~100%（图 4.11）。日本的工业用水结构以制造业（化学工业、造纸和钢铁制造业）为主，占日本工业用水量的 73%（边毫，2021）。

4.1.5 韩国

1975—2019 年，韩国总用水量由 1975 年的 150.0 亿 m^3 增加至 2019 年的 270.8 亿 m^3（图 4.14）。具体为：总用水量从 1975 年的 150.0 亿 m^3 快速增加到 2002 年的 291.6 亿 m^3，年均增速为 2.5%；接着经历短暂的较快下降后趋于稳定，2005—2019 年用水量保持在 270 亿~277 亿 m^3 之间。

韩国的用水部门中，农业用水量和工业用水量均缓慢增加后趋于稳定；市政用水量从 1975 年的 22.7 亿 m^3 快速增加到 1997 年的 68.7 亿 m^3，接着经历短暂的快减快增到 2002 年的 86.1 亿 m^3，之后又经历下降后趋于平稳，平稳期大致保持在 70 亿 m^3。

韩国的 3 个用水部门中，农业用水占比最大，从 1975 年的 75%波动下降至 2019 年的 59%；位居第二的市政用水占比从 1975 年的 15%波动上升至 2019 年的 25%；工业用水占比则从 1975 年的 10%缓慢增加至 2019 年的 16%。

根据 FAO 数据显示，韩国灌溉用水量占农业用水量的比例较大，1990—2019 年占比区间为 91%~100%（图 4.11）。发电用水量较少，在 2003—2019 年仅占工业用水量的 5%（图 4.10）。

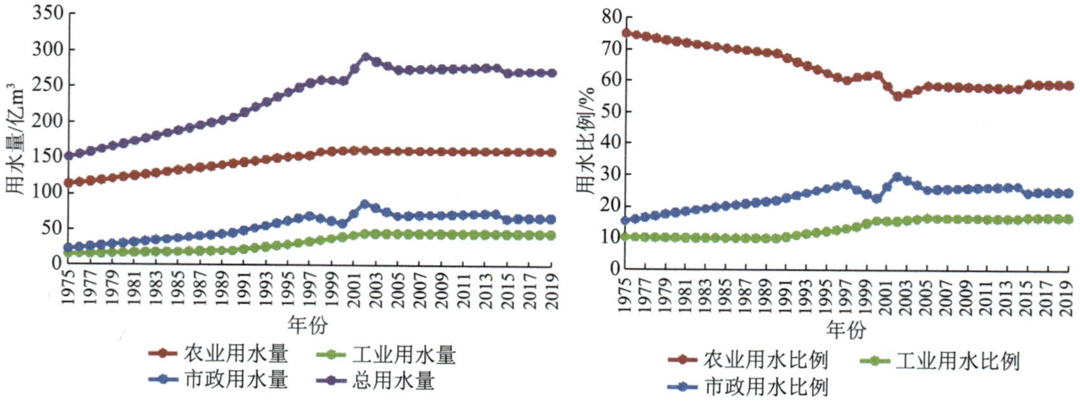

图 4.14　1975—2019 年韩国用水量及用水结构

数据来源：FAO

4.1.6　加拿大

1986—2019 年，加拿大总用水量总体由 1986 年的 422 亿 m^3 下降至 2019 年的 362.3 亿 m^3（图 4.15）。具体为：总用水量从 1986 年的 422 亿 m^3 缓慢增加到 1991 年的 450.9 亿 m^3，年均增速为 1.3%；接着以 1.2%的年均降速缓慢下降至 2000 年的 405.4 亿 m^3；

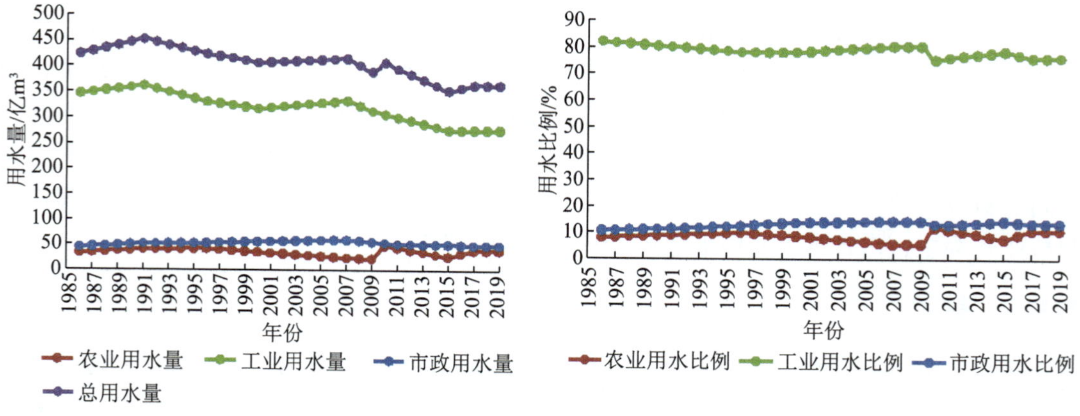

图 4.15　1986—2019 年加拿大用水量及用水结构

数据来源：FAO

然后缓慢增加至 2007 年的 413.2 亿 m^3，年均增速为 0.3%；接着波动下降至 2015 年的 351.6 亿 m^3；最后以 0.8%的年均增速缓慢上升至 2019 年的 362.3 亿 m^3。

加拿大的用水部门中，农业用水量和工业用水量变化趋势与总用水量较一致，市政用水量则呈现先缓慢增加后缓慢下降的趋势。

加拿大的 3 个用水部门中，工业用水占比最大，在 1986—2009 年保持在 78%~80%之间，2009 年之后则为 75%~78%；位居第二的市政用水占比较稳定，基本保持在 10%~14%之间；农业用水占比在 1986—2009 年保持在 6%~10%之间，2009 年之后则为 8%~12%。

根据 FAO 数据显示，1991—2019 年灌溉用水量占农业用水量的比例变化较大，最低占比为 18%，最高占比为 94%（图 4.11）。发电用水量占工业用水量的比例较大，1991—2019 年占比区间为 75%~85%（图 4.10）。

4.1.7 德国

1991—2019 年，德国总用水量总体由 1991 年的 512.4 亿 m^3 下降至 2019 年的 284.8 亿 m^3（图 4.16）。具体为：总用水量从 1991 年的 512.4 亿 m^3 快速下降到 2007 年的 377.5 亿 m^3，年均降速为 1.9%；接着以 0.3% 的年均增速缓慢上升至 2010 年的 381.0 亿 m^3；然后快速下降至平稳。

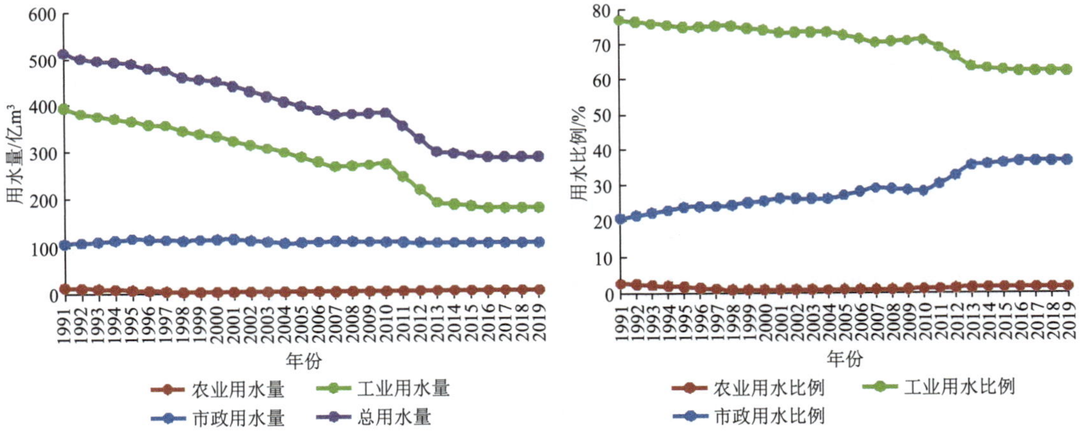

图 4.16　1991—2019 年德国用水量及用水结构

数据来源：FAO

德国的用水部门中，工业用水量变化趋势与总用水量较一致，市政用水量和农业用水量均较平稳。

德国的 3 个用水部门中，工业用水占比最大，从 1991 年的 77%稳步下降至 2019 年的 62%；位居第二的市政用水占比从 1991 年的 21%稳步上升至 2019 年的 37%；农业用水占比在 1991—1995 年为 2%，1995—2019 年则保持在 1%。

根据 FAO 数据显示，2002—2019 年灌溉用水量占农业用水量的比例变化较大，最低占比为 35%，最高占比为 90%（图 4.11）。发电用水量占工业用水量的比例较大，1991—2019 年占比区间为 70%~86%（图 4.10）。

4.1.8 意大利

1970—2019 年，意大利总用水量总体由 1970 年的 416.0 亿 m³ 下降至 2019 年的 339.1 亿 m³（图 4.17）。具体为：总用水量从 1970 年的 416.0 亿 m³ 经历缓慢上升和缓慢下降后下降到 1990 年的 412.2 亿 m³；然后经过缓慢上升和快速下降后趋于平稳。

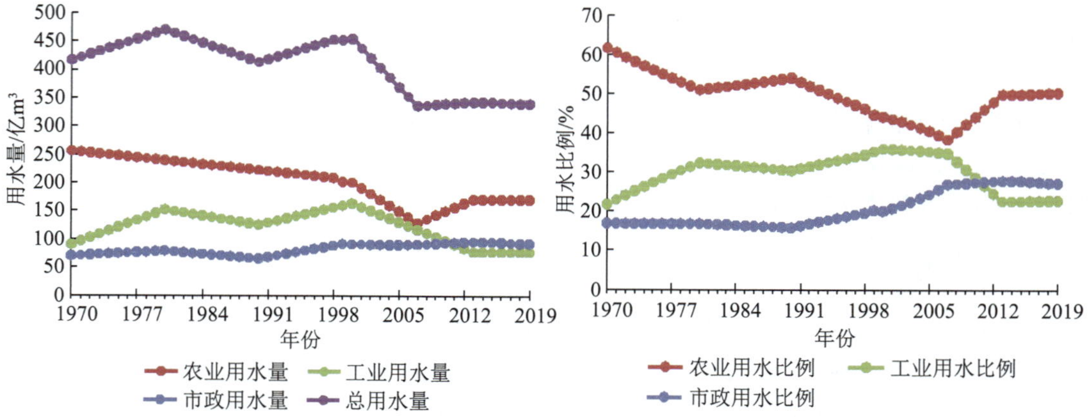

图 4.17 1991—2019 年意大利用水量及用水结构

数据来源：FAO

意大利的用水部门中，工业用水量变化趋势与总用水量的较一致。农业用水量从 1970 年的 256 亿 m³ 经历缓慢下降和快速下降后下降到 2007 年的 128.9 亿 m³；然后经过快速上升后趋于平稳，2019 年农业用水量为 170 亿 m³。市政用水量变化不大，大致由 1970 年的 70 亿 m³ 缓慢上升至 2019 年的 91.9 亿 m³。

意大利的 3 个用水部门中，农业用水占比最大，从 1970 年的 62%经历快速下降和缓慢上升后下降至 1990 年的 54%，然后经过快速下降和快速上升后趋于平稳，2019 年农业用水占比为 50%；工业用水占比整体呈现先增加后降低至平稳的趋势，在 2011 年被市政用水赶超，之后工业用水成为用水量最少的部门；市政用水占比从 1970 年的 17%经历缓慢增加和快速增加后趋于平稳，2019 年用水占比为 27%。

意大利灌溉用水量占农业用水量的比例较大，2007—2019 年占比区间为 94%~100%（图 4.11）。发电用水量较少，在 2013—2019 年约占工业用水量的 21%（图 4.10）。

4.1.9 西班牙

1975—2019 年，西班牙总用水量总体由 1975 年的 360.8 亿 m³ 下降至 2019 年的 290.2 亿 m³（图 4.18）。具体为：总用水量从 1975 年的 360.8 亿 m³ 经历快速上升和较快下降后下降至 1997 年的 346 亿 m³；然后经过波动上升后快速下降至 2019 年的 290.2 亿 m³。

西班牙的用水部门中，农业用水量变化趋势与总用水量的较一致。工业用水量从 1975 年的 117.2 亿 m³ 经历快速下降和快速上升后增至 1985 年的 119.9 亿 m³；然后经过快速下降、缓慢上升和缓慢下降至 2019 年的 56.1 亿 m³。市政用水量从 1975 年的

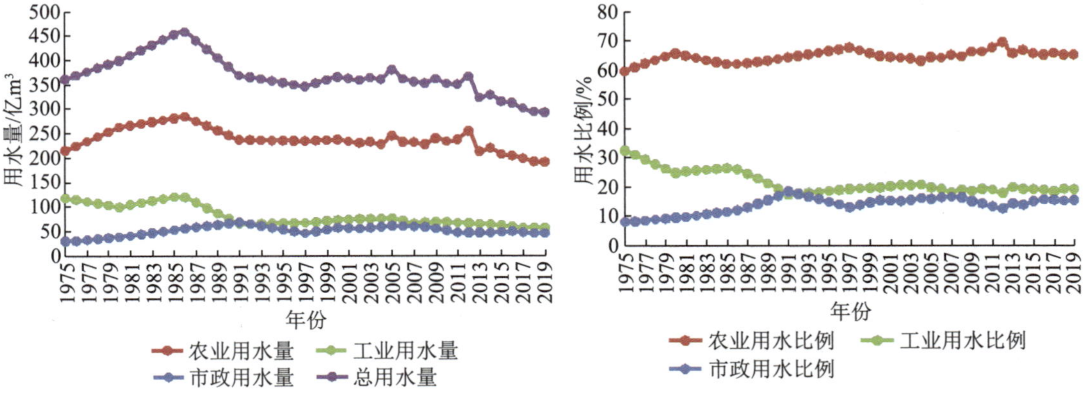

图 4.18　1975—2019 年西班牙用水量及用水结构

数据来源：FAO

29.0 亿 m^3 经历快速增加和较快下降后增至 1997 年的 45.1 亿 m^3；然后经过缓慢上升和缓慢下降至平稳状态，2019 年市政用水量为 45.3 亿 m^3。

西班牙的 3 个用水部门中，农业用水占比最大，但变化不大，变化区间为 59%～68%，从 1975 年 59%波动增加至 2019 年的 65%。位居第二的工业用水占比整体呈现先降低后趋于平稳的趋势，2019 年用水占比为 19%；而市政用水占比则呈现先升高后趋于平稳的趋势，在 1991 年超过工业用水暂居第二大用水部门，2019 年市政用水占比为 16%。

根据 FAO 数据显示，西班牙发电用水在 1991—2019 年占工业用水量的 70%以上，最高占比达到 95%（图 4.10）。灌溉用水量占农业用水量的比例较大，1991—2019 年占比区间为 87%～100%（图 4.11）。

4.1.10　英国

1980—2019 年，英国总用水量总体由 1980 年的 135.1 亿 m^3 下降至 2019 年的 84.2 亿 m^3（图 4.19）。具体为：总用水量从 1980 年的 135.1 亿 m^3 经历快速下降和缓慢增加

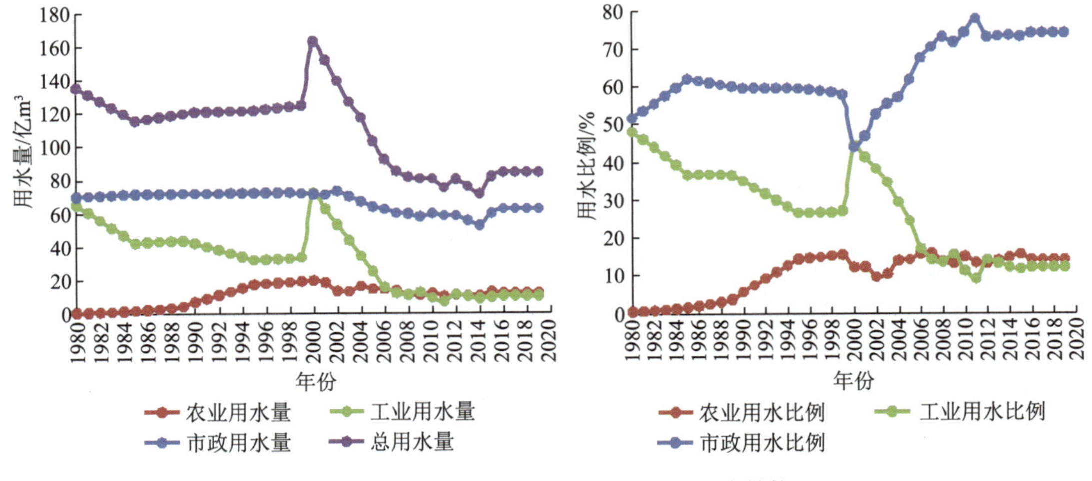

图 4.19　1980—2019 年英国用水量及用水结构

数据来源：FAO

到 1999 年的 124.4 亿 m^3 后跃升到 2000 年 162.7 亿 m^3；然后经过快速下降和缓慢上升、快速下降和较快增长至 2019 年的 84.2 亿 m^3。

英国的用水部门中，工业用水量变化趋势与总用水量较一致；农业用水量大体呈现先快速增加后缓慢下降至平稳的趋势；而市政用水量则从 1980 年的 69.7 亿 m^3 经历缓慢增加和缓慢下降后降至 2014 年的 71.1 亿 m^3，之后快速增加至平稳，2019 年市政用水量为 62.3 亿 m^3。

英国的 3 个用水部门占比变化较大。其中，市政用水占比在绝大多数年份位居首位，占比在 43.8%~77.8%之间，但在 2000 年低于工业用水占比。工业用水占比由 1980 年的 48.0%经历快速下降和快速上升后达到 2000 年的 44.2%，然后快速下降至平稳状态，2007 年之后低于农业用水占比而成为最小用水部门。农业用水占比由 1980 年的 0.4%经历缓慢上升和快速上升后达到 1999 年的 15.4%，然后快速下降和快速上升至平稳状态，2019 年农业用水占比为 14.0%。

根据 FAO 数据显示，英国灌溉用水量较少，在 2000—2019 年约占农业用水量 5%~12%（图 4.11）；发电用水在 2005—2019 年占工业用水量的 12%~37%（图 4.10）。

4.2 农业需水预测

4.2.1 农业需水预测方法

4.2.1.1 农业需水预测方法综述

目前国内外农业需水预测方法大致有三大类，分别为判断预测法、趋势预测法和模型模拟法（表 4.1）。

判断预测法是一种定性预测，是基于个人或集体的经验和知识进行的预测，它可以是纯主观的，也可以是对任何一种客观预测结果的主观修正。常用于对一些运用客观预测法得到的预测结果进行主观修正。另外，由于受资料所限制，有些变量间的关系无法通过统计分析来确定，故只能根据经验进行判断。判断预测法包括头脑风暴法、特尔菲法、主观概率法、关联树法、先行指标法等。该方法具有省时、经济、数据资料要求低等特点。但由于根据人的主观经验进行判断，因此客观性极差、可靠性不强。

趋势预测法是建立在用水的变化可以由时间来解释这样的理论概念基础上的。该方法只是将未来的用水需求和过去的用水量相联系，而不考虑任何其他变量，适用于短期预测。趋势预测法包括如滑动平均法、指数平滑法、趋势外推法、季节变动法等的约束外推法和如马尔克夫法、博克斯-詹金斯法等的概率预测法。该类方法具有需求资料少、方法简单的优点，但有两大缺陷：①当影响需水的要素在将来发生很大变化时，预测结果将有很大偏差；②预测结果受初始值的影响太大，不适合中长期预测。

模型模拟法包括结构分析模型、系统分析模型以及基于作物需水的机理模型。其中，结构分析模型是假定用水量与几个独立的影响因素之间存在一定的因果关系，并建立其关系模型来模拟未来需水量，包括回归分析和定额法。回归分析可以根据相应变化因素修正预测值，同时可以大体上把握预测值的误差，但该方法需要长系列的历史用水数据，若系

表 4.1　国内外农业需水预测方法一览表

主要类别	简介	次要类别	介绍	优点	缺点
判断预测法	一种定性预测，是基于个人或集体的经验和知识进行的预测，它可以是纯主观的，也可以是对任何一种客观预测结果的主观修正。常用于对一些运用客观预测法得到的预测结果进行主观修正。另外，由于受资料所限制，有些变量间的关系无法通过统计分析来确定，故只能根据经验进行判断	头脑风暴法、特尔菲法、主观概率法、关联树法、先行指标法	—	该方法具有省时、经济、数据资料要求低等特点	由于根据人的主观经验进行判断，因此客观性极差、可靠性不强
趋势预测法	建立在用水的变化可以由时间来解释这样的理论概念基础上的。该方法只是将未来的用水需求和过去的用水量相联系，而不考虑任何其他变量，适用于短期预测	约束外推法：滑动平均法、指数平滑法、趋势外推法、季节变动法。概率预测法：马尔克夫法、博克斯-詹金斯法	约束外推法：指在一个系统大量随机现象中求得一定的约束条件（即规律），据此规律推断该系统未来状况的方法。马尔克夫法：通过历史用水数据构建转移矩阵，由用水初始状态变量预测未来任意时刻用水系统发生各种状态的概率，从而预测出未来的需水量。博克斯-詹金斯法：根据历史的用水量资料，设法建立一个用以描述需水量（随机变量）变化过程统计规律的数学模型，并在此数学模型基础上确立需水量预测的数学表达式，预测未来的需水量	具有需求资料少、方法简单的优点	两大致命缺陷：当影响需水的要素在将来发生很大变化时，预测结果将有较大偏差；预测结果受初始值的影响太大，不适合中长期预测
模型模拟法之结构分析模型	假定用水量与几个独立的影响因素之间存在一定的因果关系，并建立其关系模型来模拟未来需水量	回归分析	通过回归分析，寻找预测对象与影响因素之间的因果关系，建立回归模型进行预测。对长短期预测都适用	回归分析法可以根据相应变化因素修正预测值，同时也可以大体上把握预测值的误差	方法需要长系列的历史用水数据，若系列太短则会影响到回归结果的质量
		定额法	对用水系统历史数据综合分析，制定出各种用水定额，然后根据用水定额和长期服务人口（或产值等）计算出远期的需水量	比较直观，简单易行，可以综合考虑各种因素的变化甚至是政策性的调整	在实际运用中人为因素大，有时过于主观

续表

主要类别	简介	次要类别	介绍	优点	缺点
模型模拟法之系统分析模型	对农业需水系统的描述、模仿和抽象	灰色预测方法	是一种不严格的系统方法，它抛开了系统结构分析的环节，直接通过对原始数据的累加生成寻找系统的整体规律，构建指数增长模型	具有需要数据少、不考虑变化趋势、不考虑分布规律、运算方便、易于检验等优点	当数据较离散时，即数据灰度大时，预测精度相应就会差些；预测期不宜太长，一般预测仅是最近的一两个数据具有高精度和实际意义，其他更远的数据只能反映未来用水趋势
		人工神经网络	由 Bishop 于 1995 年提出的，是一种由大量简单的人工神经元广泛连接而成用以模仿人脑神经网络的复杂网络系统。它在给定大量输入/输出信号的基础上，对数据进行并行处理，建立系统的非线性输入/输出模型，把大量的数据交给按一定结构形式和激励函数构建的人工神经网络进行学习，然后在给出未来的一个输入的情况下，由计算机根据以往“经验”判断应有的输出	需要的数据少，预测结果精度高；可对样本数据进行学习，实现对需水量的非线性描述；具有很强的信息综合能力和容错能力，能恰当的协调好历史用水中的伪数据	对于年需水预测或长期需水预测，由于受到水政策、节水措施的影响，不宜采用
		系统动力学	是一种将结构、功能和历史相结合，以反馈控制理论为基础，借助计算机进行模拟仿真而定量地研究高阶次、非线性、多重反馈复杂时变系统的系统分析理论和方法，是研究具有复杂反馈关系系统的重要方法	将该法运用于需水量的预测，能够考虑水价、水利工程投资、水污染治理投资、用水政策等因素对需水量的影响，对经济-社会-水资源-水环境系统的各种复杂因素考虑得比较全面。而对长期需水量预测，其优势是十分明显的	系统分析过程复杂，工作量大，且对分析人员能力要求较高、建模周期长，不适用于短期需水量预测

续表

主要类别	简介	次要类别	介绍	优点	缺点
模型模拟法之基于作物需水的机理模型①	计算土壤适宜含水量，然后根据土壤含水量-灌溉量的关系确定灌溉需水量的一种方法	经验法	利用日平均饱和差、某时段内平均降水量、日平均气温等因素与土壤水分之间的关系建立土壤水分模拟经验公式	计算原理科学	考虑了土壤水分变化的物理关系，需要大量土壤、作物以及气象参数，且由于参数复杂性，不能简单地推导适用大尺度耕地灌溉用水量预测研究
		水量平衡法	基于田间水量平衡方程，以土壤含水量为模拟对象，结合气象预报和作物生长等情况，通过水量平衡循环运算确定各时段的土壤水分含量，最终计算出灌溉用水量		
		土壤水动力学法	以田间灌溉田地为研究对象，把地面水、地下水看作土壤水分运动的边界条件，通过输入作物各生育期内未来的降雨、有关气象因素及根系吸水层深度等，模拟土壤含水量的变化，根据土壤含水量的变化进行灌溉用水量预测		

注：①该方法适合预测耕地灌溉需水量。（据黄修桥，2005；刘迪，2009）

列太短则会影响回归结果的质量。定额法比较直观，简单易行，可以综合考虑各种因素的变化甚至是政策性的调整，但在实际运用中人为因素大，有时过于主观。系统分析模型是对农业需水系统的描述、模仿和抽象，包括灰色预测方法、人工神经网络和系统动力学。灰色预测方法具有需要数据少、不考虑变化趋势、不考虑分布规律、运算方便、易于检验等优点。但当数据较离散时，即数据灰度大时，预测精度相应就会差些；并且预测期不宜太长，一般预测仅是最近的一两个数据具有高精度和实际意义，其他更远的数据只能反映未来用水趋势。人工神经网络需要的数据少，预测结果精度高；可对样本数据进行学习，实现对需水量的非线性描述；具有很强的信息综合能力和容错能力，能恰当地协调好历史用水中的伪数据。但对于年需水预测或长期需水预测，由于受到水政策、节水措施的影响，不宜采用。系统动力学运用于需水量的预测，能够考虑水价、水利工程投资、水污染治理投资、用水政策等因素对需水量的影响，对经济-社会-水资源-水环境系统的各种复杂因素考虑得比较全面。对长期需水量预测，其优势是十分明显的。但系统分析过程复杂，工作量大，且对分析人员能力要求较高，建模周期长，不适用于短期需水量预测。基于作物需水的机理模型首先计算土壤适宜含水量，然后根据土壤含水量-灌溉量的关系确定灌溉需水量，包括经验法、水量平衡法和土壤水动力学法。该方法计算原理科学，但因考虑了土壤水分变化的物理关系，需要大量土壤、作物以及气象参数，且由于参数复杂性，因此不能简单地推导适用大尺度耕地灌溉用水量预测研究。

4.2.1.2　本书采用的农业需水预测方法

本书采用基于作物需水机理的定额法和典型国家农业用水轨迹类比法两种方法预测我国中长期农业需水量。

需要说明的是，典型国家农业用水轨迹类比法是本书首次引入来预测我国未来 30 年农业需水量的方法，其实质是一种特殊的回归分析法，特殊在于采用典型的先进国家农业用水规律指导形成我国的预测模型，可提高回归结果的质量。而基于作物需水机理的定额法则是从作物需水机理的角度改进了目前常规的定额法。

4.2.2　基于作物需水机理的定额法预测

4.2.2.1　方法介绍

农业需水量包括耕地灌溉需水量和林牧渔畜需水量，由于我国耕地灌溉需水量占农业需水量比例在 90%左右，因此着重讨论耕地灌溉需水量的预测，对全国及各省（自治区、直辖市）林牧渔畜需水量的预测则是按照“趋势外推+相关发展规划进行修正”预测思路进行预测。

灌溉农田用水过程分为 3 个环节，并且各个环节均可提高水分利用率或水分利用效率（唐登银等，2000），以实现节水。①灌溉水从水源到田间的输水环节，存在提高渠系水利用系数问题，可通过渠道防渗或者管道输水措施提高渠系水利用系数；②灌溉水在田间通过各种方式灌溉到作物根系层形成土壤水，存在提高田间水利用率问题，可通过喷灌、滴灌、小畦灌、长畦分段灌溉、平整土地等增加灌水均匀度的措施提高田间水的利用率；③土壤水为蒸发蒸腾所消耗，存在提高作物水分利用效率问题，可通过地面覆盖、耕作保墒、合理施肥、以肥调水等田间农艺节水技术和调亏灌溉（包括分根交替灌溉）、遗传改良、调节根冠比等农田生物节水技术减少无效蒸散发，从而提高作物水分利用效率。

基于作物需水机理的定额法从作物用水和节水过程（图 4.20）出发，将水分利用效率引入净灌溉定额的确定工作中，结合灌溉面积、灌溉水利用系数和产量等因素开展农业需水量预测。

相应的计算公式如下：

农业需水量：

$$AWR = IWR + TWR$$

式中：AWR 为农业需水量，亿 m^3；IWR 为耕地灌溉需水量，亿 m^3；TWR 为林牧渔业需水量，亿 m^3。

耕地灌溉需水量：

$$IWR = \frac{AIA \cdot I}{\eta} \cdot 10^{-8}$$

式中：AIA 为灌溉面积，hm^2；I 为净灌溉定额，m^3/hm^2；η 为灌溉水利用系数。

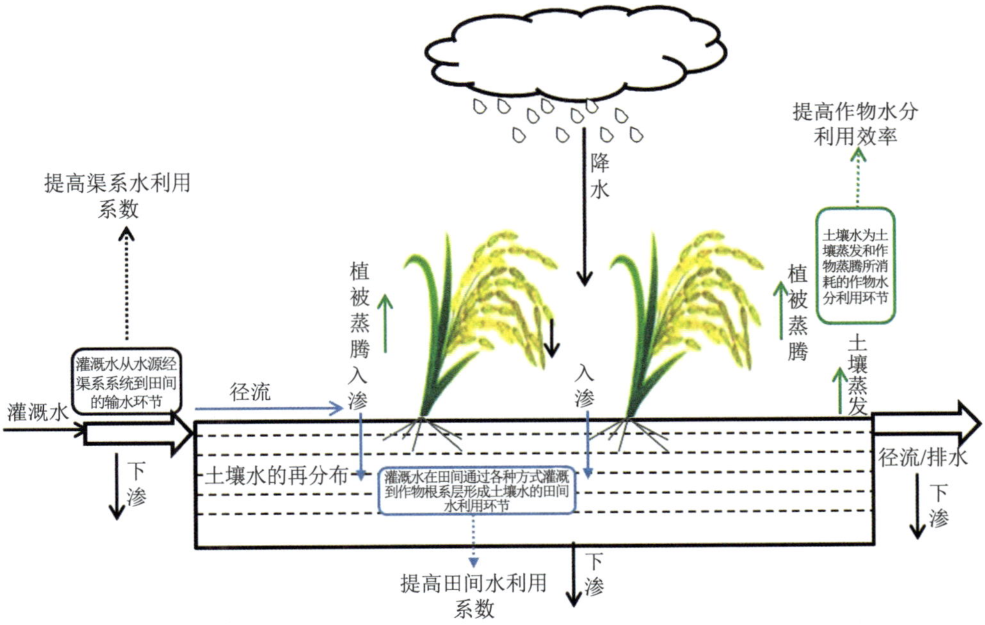

图 4.20　灌溉农田用水和节水过程

4.2.2.2　预测结果

（1）实际灌溉面积预测

实际灌溉面积与有效灌溉面积密切相关。随着我国高标准农田的建设，有效灌溉面积逐渐加大。2019 年我国有效灌溉面积约为 6867.86 万 hm^2（10.3 万亩❶），实际灌溉面积为 5791.36 万 hm^2。2020 年我国高标准农田建设面积为 8.17 亿亩❷，根据《全国高标准农田建设规划（2021—2030 年）》《中国共产党第二十次全国代表大会报告》《国土资源部关于全面实行永久基本农田特殊保护的通知》，2025 年、2030 年和 2050 年我国高标准农田建设面积分别为 10.75 亿亩、12 亿亩和 15.45 亿亩。综合考虑 2019 年有效灌溉面积、各省份耕地面积、各省份永久基本农田面积和高标准农田发展情况（图 4.21），推测出全国及各省份主要年份有效灌溉面积。进而按 2019 年实灌面积占有效灌溉面积比例折算得到 2025 年、2030 年、2035 年和 2050 年全国及各省份实际灌溉面积（图 4.22）。到 2025 年，全国农田实际灌溉面积为 6439.71 万 hm^2，主要集中在黑龙江省、河南省、新疆维吾尔自治区、山东省、河北省、江苏省和安徽省 7 个省份，其中黑龙江省最大，约占全国的 8.2%。到 2030 年，全国农田实际灌溉面积为 6970.83 万 hm^2，主要集中在黑龙江省、河南省、山东省、新疆维吾尔自治区、河北省、江苏省和安徽省 7 个省份，其中黑龙江省最大，约占全国的 8.7%。到 2035 年，全国农田实际灌溉面积为 7641.69 万 hm^2，主要集中在黑龙江省、河南省、山东省、新疆维吾尔自治区、河北省、内蒙古自治区和安徽省 7 个

❶ 1 亩≈666.7 m^2。

❷ 来自各省份人民政府官网。

省份，其中黑龙江最大，约占全国的 9.4%。到 2050 年，全国农田有效灌溉面积为 8604.35 万 hm^2，主要集中在黑龙江省、河南省、山东省、新疆维吾尔自治区、河北省、内蒙古自治区和湖北省 7 个省份，其中黑龙江省最大，约占全国的 10.0%。

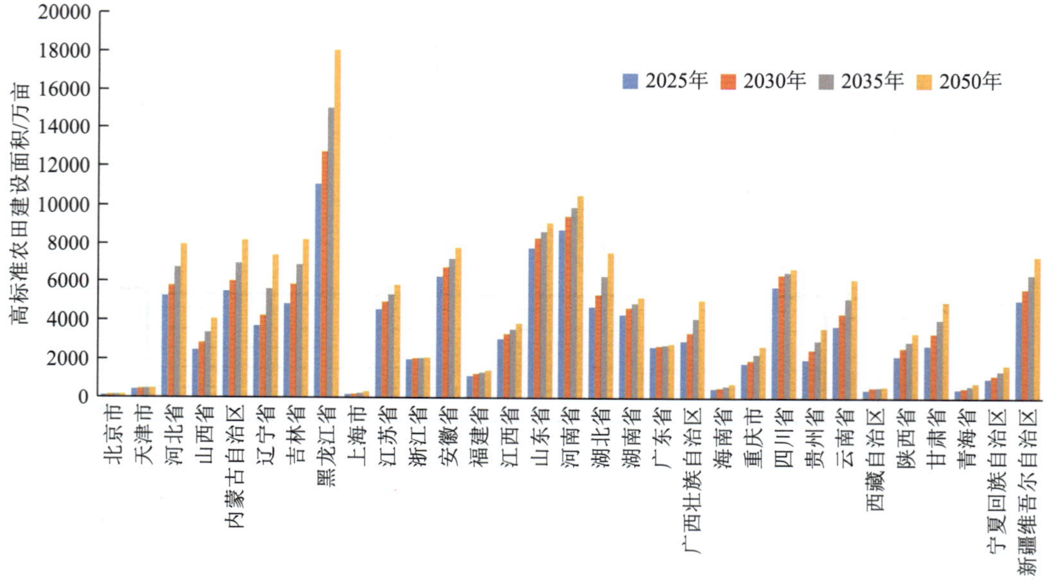

图 4.21　我国各省份高标准农田建设面积预测值

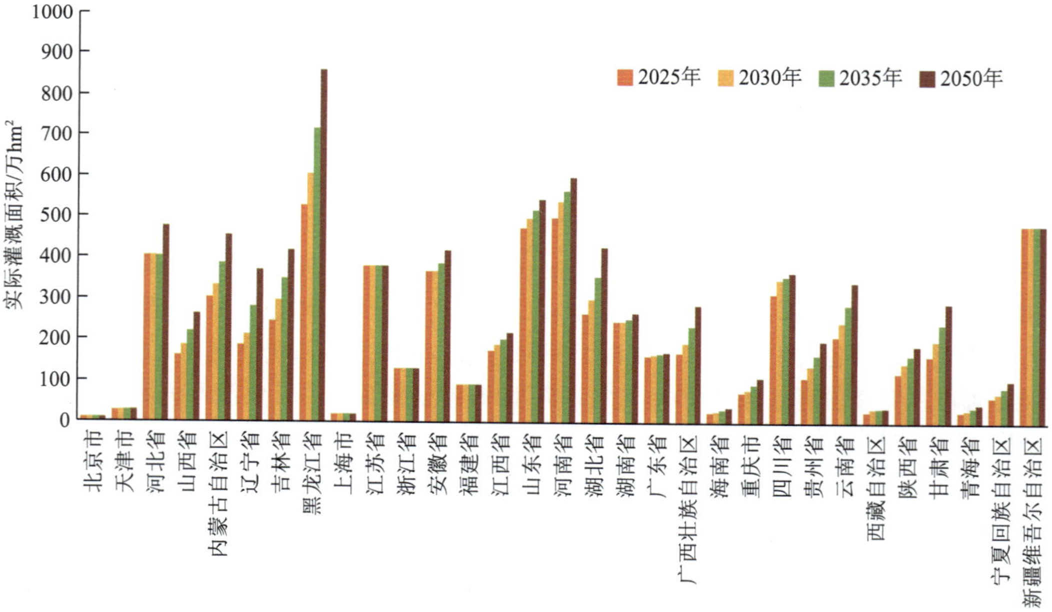

图 4.22　我国各省份实际灌溉面积预测值

（2）净灌溉定额预测

2019 年我国农作物净灌溉定额为 3085.68 m^3/hm^2。周雯晶（2018）对我国水稻、玉米和小麦的理论灌溉效率及其节水潜力的研究认为我国三大谷物的相对水分利用效率为

53.3%，理论上有46.7%的提升潜力。单位面积产量的增加和耗水量的减少均可增加水分利用效率，而单位面积耗水量的减少直接导致净灌溉定额的减少。高标准农田建设是保障国家粮食安全的关键举措，党中央、国务院高度重视高标准农田建设，根据《全国高标准农田建设规划（2021—2030年）》，建成后的高标准农田亩均粮食产能增加10%~20%。根据三大谷物的理论提升潜力和高标准农田单产的增加率，核算出我国主要农作物净灌溉定额减少率可达到18.2%。考虑到随着技术进步以及高效节水工程和信息化建设，我国农田水分利用效率都将提高至接近潜力水平。鉴于此，设定全国及各省份2050年净灌溉定额减少率均为18.2%，未来各年份全国及各省份的主要农作物净灌溉定额减少率根据全国及各省份高标准农田建设面积计算得到。在此基础上，结合2019年的全国及各省份净灌溉定额核算未来各年份全国及各省份的净灌溉定额。平水年情景下，2025年、2030年、2035年和2050年全国净灌溉定额分别为2845.98 m^3/hm^2、2760.37 m^3/hm^2、2657.64 m^3/hm^2、2524.09 m^3/hm^2。75%枯水年情景下，2025年、2030年、2035年和2050年全国净灌溉定额分别为2924.86 m^3/hm^2、2836.88 m^3/hm^2、2731.30 m^3/hm^2、2594.05 m^3/hm^2。2025年、2030年、2035年和2050年各省份净灌溉定额见图4.23和图4.24。

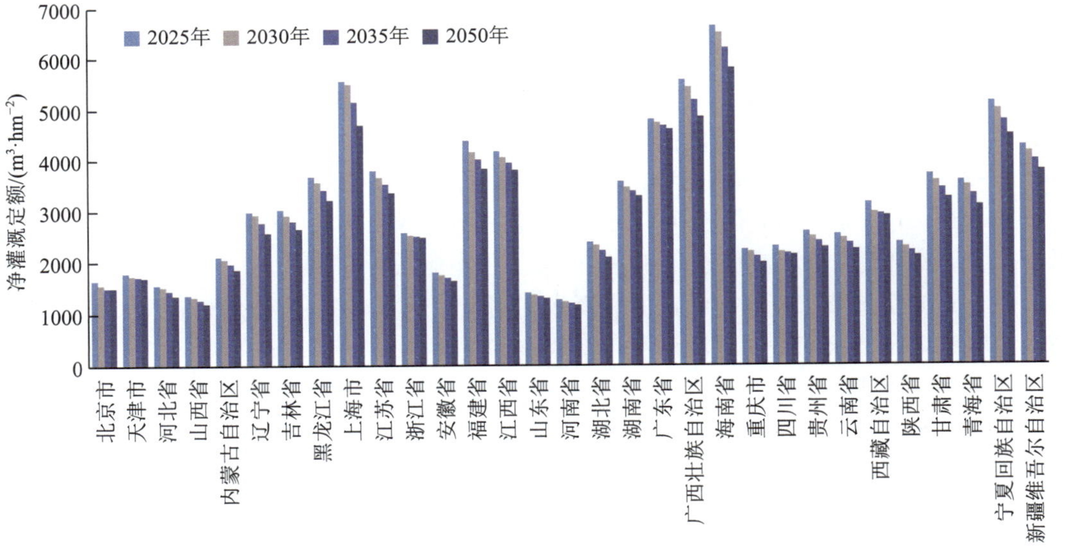

图4.23　平水年我国各省份净灌溉定额预测值

（3）灌溉水利用系数预测

灌溉水利用系数由节水灌溉的灌溉水利用系数和未实施节水灌溉的农田的灌溉水利用系数决定。

其中，节水灌溉的灌溉水利用系数与节水灌溉率以及节水灌溉水平密切相关。现状年我国灌溉水利用系数为0.559，节水灌溉率（节水灌溉面积/灌溉面积）约为50%。根据我国各省份灌区类型、节水灌溉工程类型以及相应的节水灌溉面积，依据《节水灌溉工程技术标准》（GB/T 50363—2018）对各节水灌溉工程灌溉水利用系数的规定，初步确定

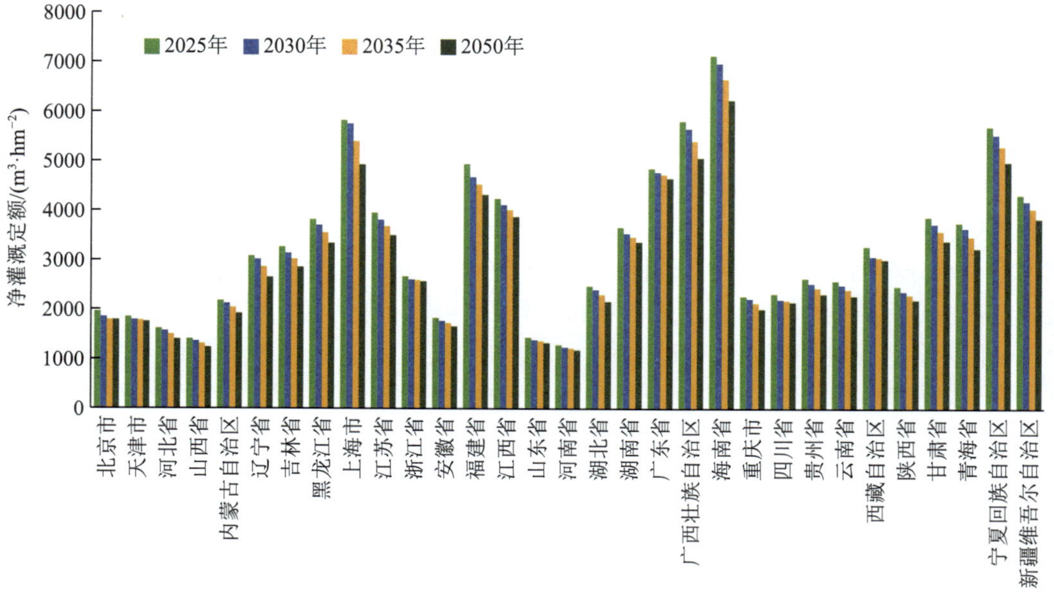

图 4.24　75%枯水年我国各省份净灌溉定额预测值

出各省份及全国实施节水灌溉的耕地的灌溉水利用系数。并与《全国农业可持续发展规划（2015—2030 年）》中提出的 2030 年我国节水灌溉率达到 75%的指标进行检核调整预测，得到最终的各省份及全国的节水灌溉水利用系数。《节水灌溉工程技术标准》（GB/T 50363—2018）规定：①渠道防渗输水灌溉工程中，大型灌区不应低于 0.5，中型灌区不应低于 0.6，小型灌区不应低于 0.7，地下水灌区不应低于 0.8；②管道输水灌溉工程不应低于 0.8；③喷灌工程不应低于 0.8；④微灌工程不应低于 0.85。

另外，未实施节水灌溉的农田的灌溉水利用系数根据各省份现状的灌溉水利用系数、节水灌溉率以及节水灌溉的灌溉水利用系数核算获得。

经预测，2025 年、2030 年、2035 年和 2050 年全国的灌溉水利用系数分别为 0.608、0.650、0.675 和 0.700，满足《全国水资源综合规划（2010—2030 年）》提出的 2030 年水资源管理目标，即“三条红线”控制指标中我国农田灌溉水有效利用系数提高到 0.6 以上的要求。2025 年、2030 年、2035 年和 2050 年各省份的灌溉水利用系数见图 4.25。

（4）农业需水量预测

综上，平水年，2025 年、2030 年、2035 年和 2050 年全国农业需水量分别为 3500 亿 m^3、3483 亿 m^3、3585 亿 m^3 和 3722 亿 m^3，其中 2025 年、2030 年、2035 年和 2050 年全国耕地灌溉需水量分别为 3014 亿 m^3、2977 亿 m^3、3056 亿 m^3 和 3165 亿 m^3。相比较 2019 年的灌溉用水量 3244 亿 m^3，呈现先减少后增加的趋势。根据《全国高标准农田建设规划（2021—2030 年）》《中国共产党第二十次全国代表大会报告》《国土资源部关于全面实行永久基本农田特殊保护的通知》对我国高标准农田建设的规划值，可知我国随着高标准农田的建设，有效灌溉面积在 2024 年后超过基准年，使得我国有效灌溉面积持续增长，各省份有效灌溉面积现状和高标准农田建设进程的差异加大了全国层面有效灌溉面积的变

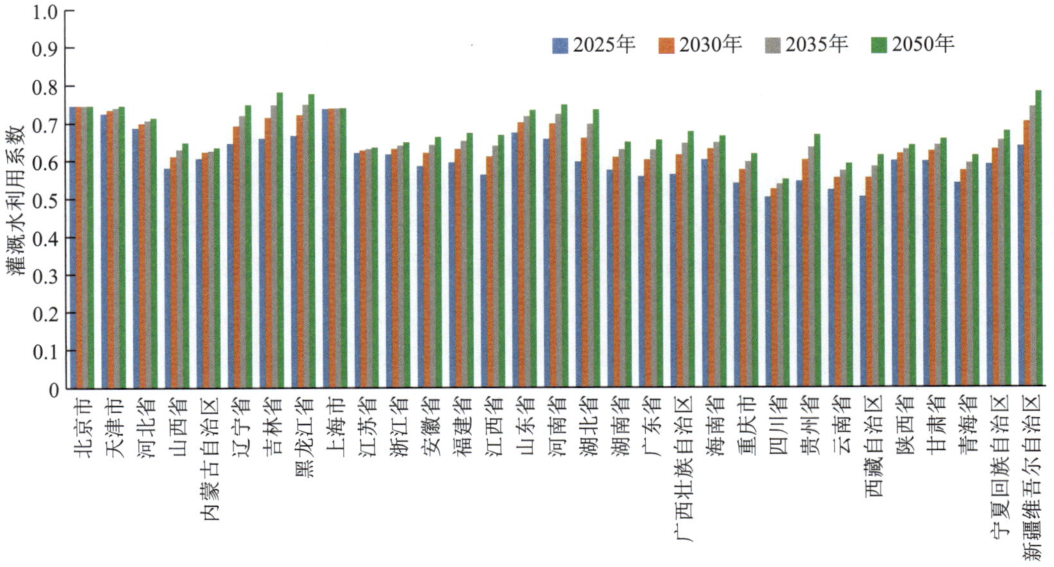

图 4.25　2025 年、2030 年、2035 年和 2050 年我国各省份灌溉水利用系数预测

化。加上水分利用效率和灌溉水利用系数的提高，耕地灌溉需水量在 2030 年前持续下降，2030 年后由于高标准农田建设进度带来的有效灌溉面积的增加率超过了水分利用效率和灌溉水利用系数的提高率，导致耕地灌溉需水量持续增加。林牧渔畜需水量占比由现状的 11.9%增加到 2050 年的 15.0%。75%枯水年，2025 年、2030 年、2035 年和 2050 年全国农业需水量分别为 3596 亿 m^3、3580 亿 m^3、3686 亿 m^3 和 3830 亿 m^3（表 4.2）。

表 4.2　全国农业需水预测结果及关键指标

年份	平水年需水量 亿 m^3	75%枯水年需水量 亿 m^3	关键指标
2019	3682	3682	节水灌溉率 0.496；灌溉水利用系数 0.559；林牧渔畜用水量占比 11.9%
2025	3500	3596	节水灌溉率 0635；灌溉水利用系数 0.609；林牧渔畜需水量占比 13.9%
2030	3483	3580	节水灌溉率 0.751；灌溉水利用系数 0.651；林牧渔畜需水量占比 14.5%
2035	3585	3686	节水灌溉率 0.818；灌溉水利用系数 0.675；林牧渔畜需水量占比 14.8%
2050	3722	3830	节水灌溉率 0.886；灌溉水利用系数 0.7；林牧渔畜需水量占比 15.0%

注：表中 2019 年数据为实际数值。

经预测，平水年情景下，新疆维吾尔自治区、黑龙江省和江苏省的农业需水量较大，2025 年、2030 年、2035 年和 2050 年 3 个省份农业需水量分别占全国农业需水总量的 27.8%、26.3%、25.1%和 23.8%。与 2019 年占比 29.6%相比，呈现不断下降的趋势；而 75%枯水年情景下，2025 年、2030 年、2035 年和 2050 年 3 个省份农业需水量分别占全国农业需水总量的 27.6%、26.2%、25.0%和 23.7%。平水年情景和 75%枯水年情景下，北京市、天津市、上海市和西藏自治区的农业需水量较小，在未来年份中均低于全国农业总需水量的 1%。天津市、河北省、内蒙古自治区、安徽省、山东省、湖北省、湖南省和广西壮族自治区相较于基准年（2019 年）先下降后增加，上海市和四川省则呈现先增加后下降趋势。江苏省、浙江省、福建省、江西省、河南省、广东省相对于基准年呈下降趋势，北京市和西藏自治区变化较复杂，分别经历“下降—增加—下降—增加”和“下降—增加—下降”的变化趋势，其余省份相较于基准年为增加态势（图 4.26 至图 4.29）。

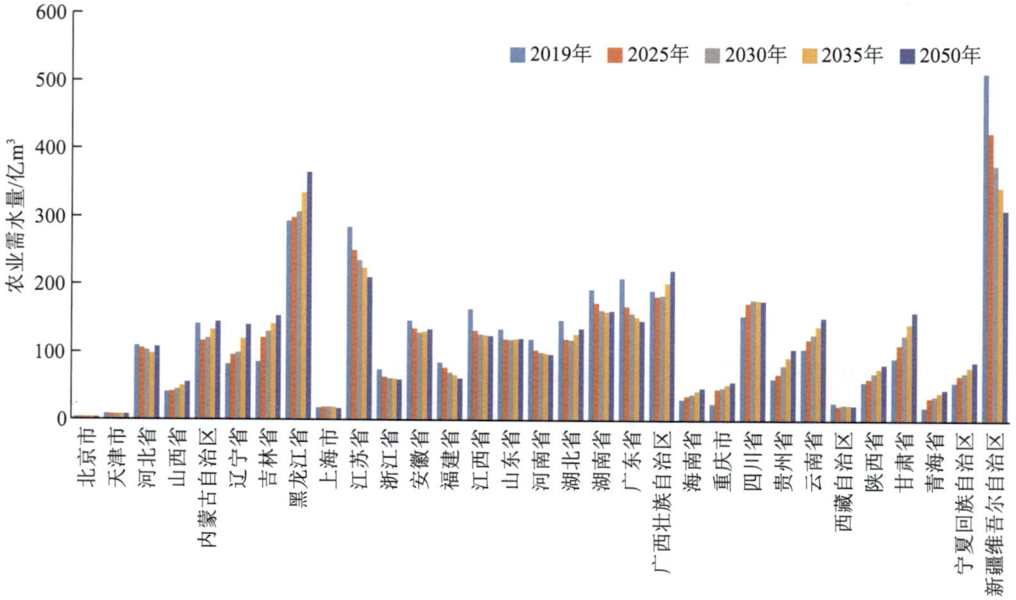

图 4.26　平水年我国各省份农业需水量预测值

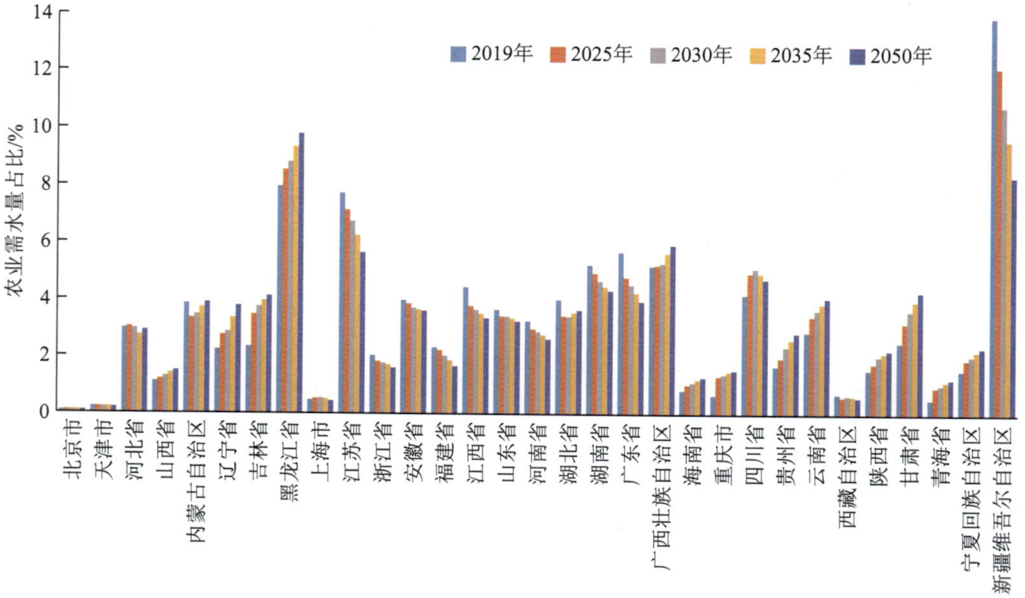

图 4.27　平水年我国各省份农业需水量占比

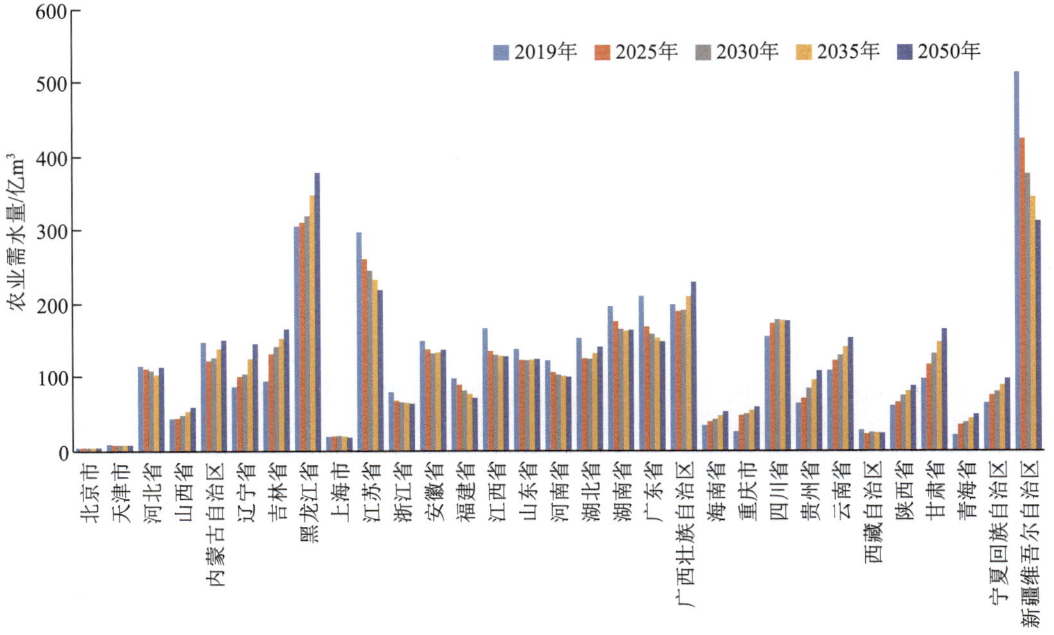

图 4.28　75%枯水年我国各省份农业需水量预测值

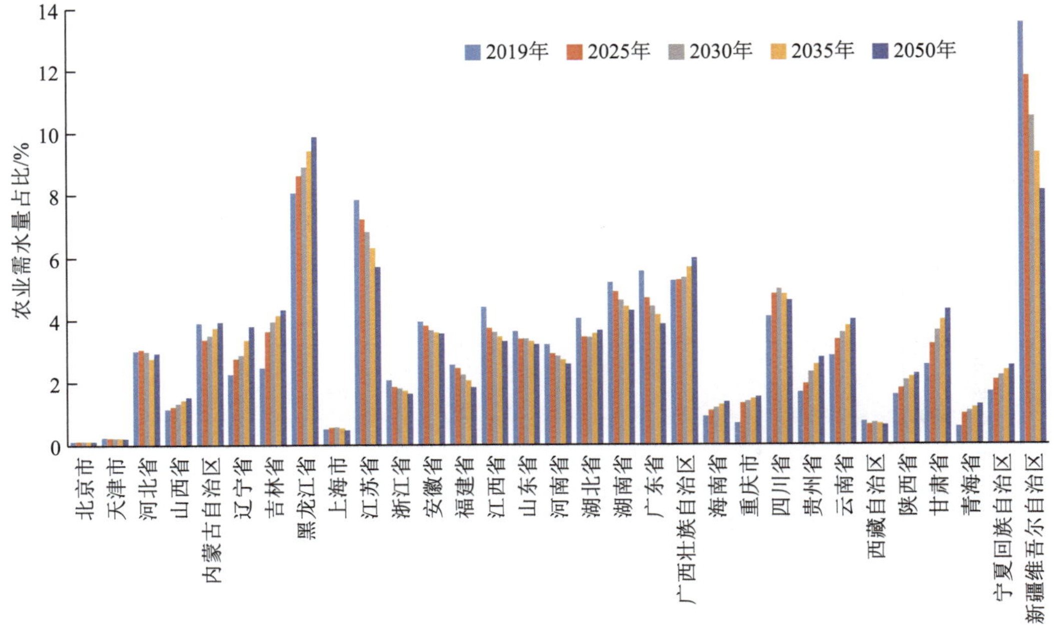

图 4.29　75%枯水年我国各省份农业需水量占比

4.2.3　典型国家农业用水轨迹类比法预测

4.2.3.1　方法介绍

典型国家农业用水轨迹类比法根据国外发达国家农业用水与关键影响因子之间的关

系，结合我国历史演变规律和目前的相关政策预测我国未来农业用水量。

我国农业用水中灌溉用水占绝大部分，灌溉用水影响因素众多，气候条件、种植结构、节水水平、种植规模等是直接影响因素，而社会经济发展和技术进步则是影响灌溉用水以及农业用水的间接影响因素。本研究选取了5个农业较为发达且灌溉用水占农业用水比例较大的典型国家开展农业用水规律分析，选取的典型国家为美国、意大利、西班牙、法国和日本。

4.2.3.2 典型国家用水规律识别

综合考虑我国灌溉用水（或农业用水）的直接和间接影响因素，并考虑到每个国家的种植结构差异较大，不便于统计和研究，因此采用典型国家基本都种植的三大谷物（玉米、水稻和小麦）用水强度（农业用水量/三大谷物产量，单位为 m^3/t）与人均GDP建立统计关系，结果如图4.30所示。需要说明的是，在这里，每个典型国家的农业用水量是根据有效降水排频后转化为平水年的水量值。这样处理的原因有3个：一是考虑到数据可获得性和一致性；二是为了刨除各个国家降水量差异带来的影响；三是为预测中国不同水平年农业需水量做基础。另外需说明的是，在典型国家用水规律识别中，GDP数据采用“GK美元（盖凯美元）”计量，“GK美元”是一种经济计量单位，它是经济学家盖凯（Angus Maddison）提出的一种计算方法，是对国家或地区的GDP进行比较和分析的一种方法。具体来说，GK美元是一种购买力平价（PPP）调整后的货币单位，用于比较不同国家或地区的经济总量。盖凯美元的基准年是1990年，所有的国家或地区的GDP都按照这个年份的价格水平进行调整，这样就可以消除通货膨胀和货币汇率波动等因素的影响，更加准确地比较各国的经济规模和发展水平。

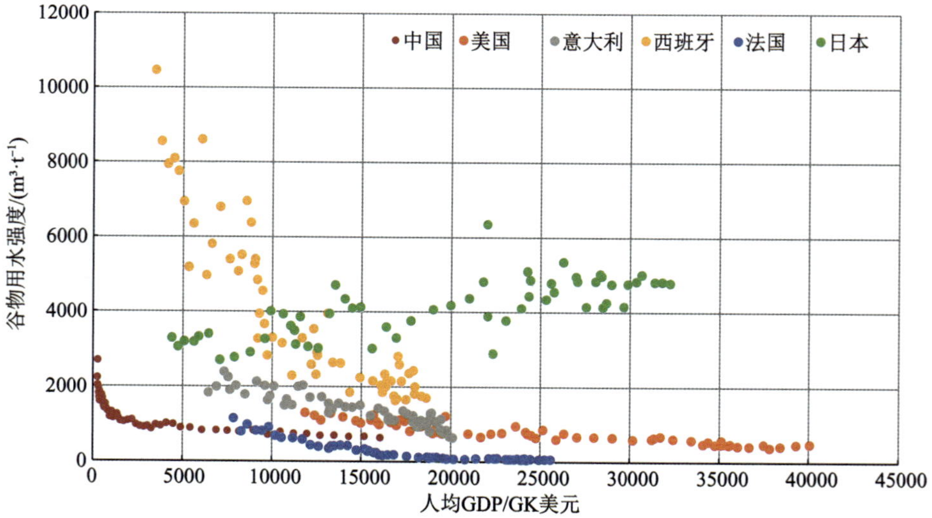

图4.30 平水年典型国家人均GDP与谷物用水强度关系

数据来源：国家统计年鉴，联合国粮农署，世界银行，全球气候学降水中心，CropWatch

典型国家三大谷物用水强度除日本外均呈“L”形下降趋势，这与典型国家三大谷物种植结构密切相关，由于三大谷物收获面积占比不同，导致典型国家谷物用水强度变化趋势和速率不同，所以可根据三大谷物收获面积（1961—2019 年平均）占比不同将典型国家谷物用水强度分为 5 种模式，如表 4.3 所示。

表 4.3　典型国家谷物用水强度模式

模式序号	国家类别	小麦收获面积占比/%	玉米收获面积占比/%	水稻收获面积占比/%	占比规律
1	中国	24~38	19~45	30~46	三者占比相当：水稻（平均占比 39%）>小麦（平均占比 33%）>玉米（平均占比 28%）
2	美国	30~54	44~68	1~3	玉米、小麦占比相当且较多：玉米（平均占比 55%）>小麦（平均占比 43%）≫水稻（平均占比 2%）
3	西班牙	76~90	9~20	1~5	小麦最多且与其他差距明显：小麦（平均占比 83%）≫玉米（平均占比 14%）>水稻（平均占比 3%）
4	意大利、法国	58~84	15~34	0.08~9	小麦居多：小麦（平均占比：意大利 71%，法国 74.6%）≫玉米（平均占比：意大利 24%，法国 25.1%）>水稻（平均占比：意大利 5%，法国 0.3%）
5	日本	2~17	0~2	82~97	水稻占比大：水稻（平均占比 90%）≫玉米（平均占比 9%）>小麦（平均占比 1%）

4.2.3.3　我国农业需水预测

（1）预测模型

谷物用水强度和人均 GDP 之间的变化规律具有较强的共性和特性，谷物中水稻占比在 50%以下的典型国家呈现“L”形曲线变化，三大谷物收获面积占比不同，导致各典型国家谷物用水强度变化速率不同。鉴于中国水稻收获面积在 50%以下，因此按照我国谷物用水强度与人均 GDP 之间的“L”形规律预测中国的农业用水量。

谷物用水强度的计算公式如下：

$$P_g = ETW / \sum_{i=i}^{n} Y_i$$

式中：P_g 为谷物用水强度，m^3/kg；ETW 为农业需水量，m^3；Y 为谷物产量，kg。

与典型国家规律识别所做的数据处理保持一致，农业需水量（ETW）是根据有效降水排频后转化为平水年的水量值。有效降水的计算公式如下：

$$P_{eff} = \begin{cases} \dfrac{P_{mon} \times (125 - 0.2 \times P_{mon})}{125}, & P_{mon} \leqslant 250 \\ 125 + 0.1 \times P_{mon}, & P_{mon} > 250 \end{cases}$$

式中：P_{eff} 为作物有效降水量，mm；P_{mon} 为每月降水量，mm。根据 CropWatch 中我国小麦、玉米、水稻3种作物生育周期研究成果和全球降水气候学中心（GPCC）我国的降水数据计算。

（2）预测结果

本预测中农业需水量为谷物用水强度和谷物产量的乘积，为确定未来的农业需水量，需要先确定谷物用水强度以及产量。

A. 谷物用水强度预测

按照平水年、75%枯水年我国谷物用水强度与人均GDP之间的“L”形规律，结合中国地质科学院战略中心的2022—2050年我国人均GDP在低速、中速和高速发展3种情景下的预测值开展我国未来平水年、75%枯水年谷物用水强度的预测。随着高标准农田的建设以及水分利用效率的提高，谷物用水强度发生变化。根据未来各年份高标准农田的建设面积以及水分利用效率提高率约束和调整谷物用水强度的变化（图4.31，图4.32）。

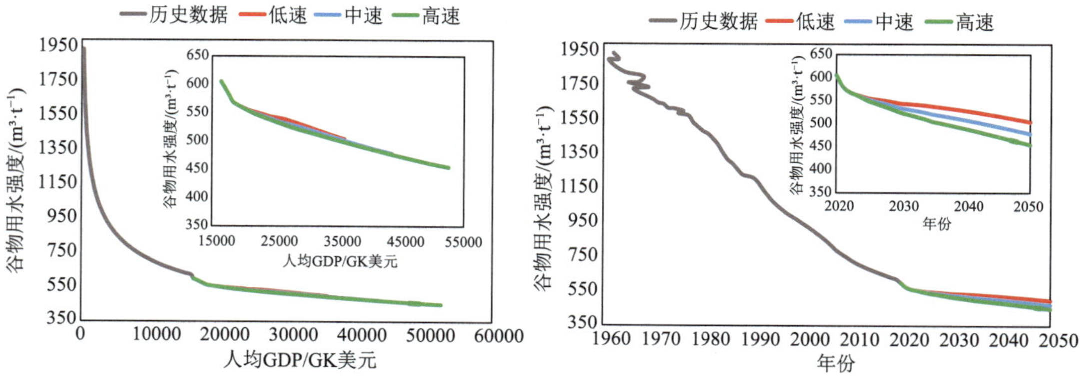

图4.31　平水年中国谷物用水强度预测

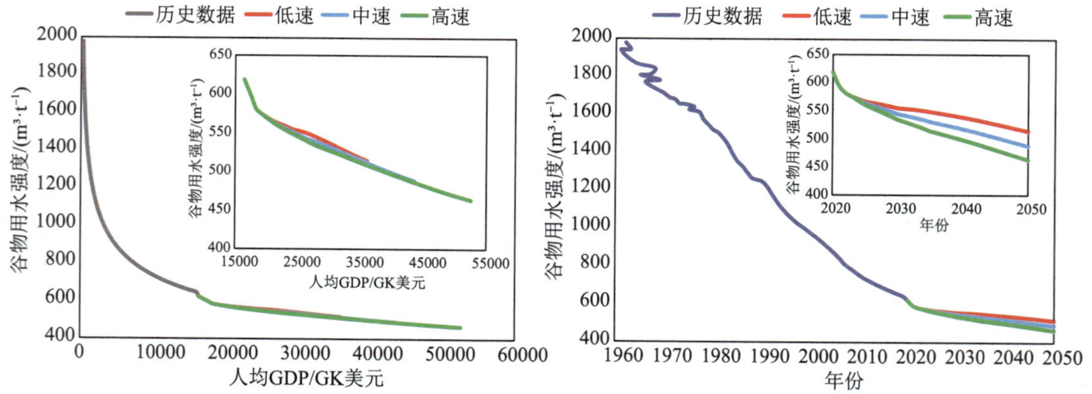

图4.32　75%枯水年中国谷物用水强度预测

经预测，2025年，低速、中速和高速人均GDP分别为20530.1美元（GK美元，下同）、21331.2美元和22155.5美元。平水年情景下，低速、中速和高速人均GDP的谷物用水强度分别为554.3 m^3/t、551.4 m^3/t和548.6 m^3/t；75%枯水年情景下，低速、中速和高速人均GDP的谷物用水强度分别为565.3 m^3/t、562.3 m^3/t和559.4 m^3/t。

2035 年，低速、中速和高速人均 GDP 分别为 26220.0 美元、30020.8 美元和 34328.0 美元。平水年情景下，低速、中速和高速人均 GDP 的谷物用水强度分别为 536.5 m^3/t、519.6 m^3/t 和 503.5 m^3/t；75%枯水年情景下，低速、中速和高速人均 GDP 的谷物用水强度分别为 547.1 m^3/t、529.9 m^3/t 和 513.5 m^3/t。

2050 年，低速、中速和高速人均 GDP 分别为 34152.7 美元、42094.6 美元和 51797.5 美元。平水年情景下，低速、中速和高速人均 GDP 的谷物用水强度分别为 503.3m^3/t、477.8 m^3/t 和 453.8 m^3/t；75%枯水年情景下，低速、中速和高速人均 GDP 的谷物用水强度分别为 513.3 m^3/t、487.3 m^3/t 和 462.7 m^3/t。

B. 谷物产量预测

2019 年我国稻谷、小麦和玉米的产量分别为 2.096 亿 t、1.336 亿 t 和 2.608 亿 t，三大谷物产量共计 6.040 亿 t。以保证“谷物基本自给，口粮绝对安全”的粮食安全为原则，根据《中国农业展望报告（2021—2030）》《中国农业展望报告（2023—2032）》《全国高标准农田建设规划（2021—2030 年）》中高标准农田与保障粮食产能的关系以及相关文献（赵乾斌，2014），综合预测得到 2021—2050 年稻谷、小麦和玉米的产量（图 4.33）：2030 年稻谷、小麦和玉米产量预计分别为 2.100 亿 t、1.429 亿 t 和 3.186 亿 t，共计 6.717 亿 t；2050 年稻谷、小麦和玉米产量预计分别为 2.076 亿 t、1.582 亿 t 和 4.067 亿 t，共计 7.725 亿 t。

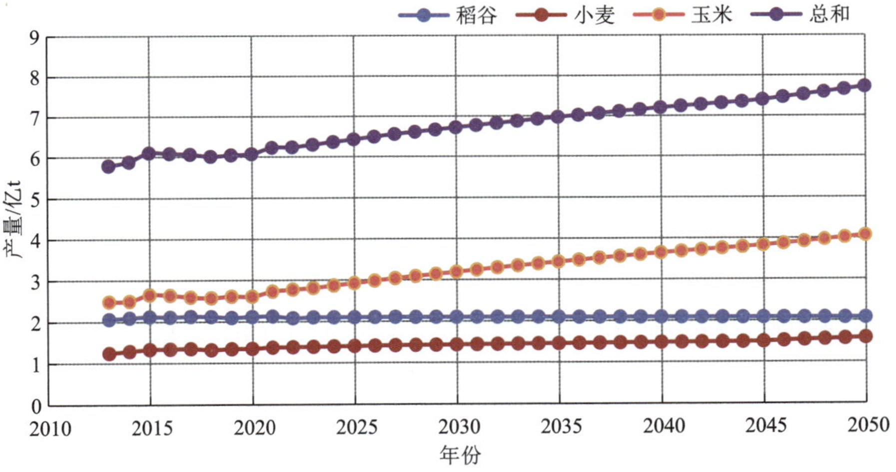

图 4.33　三大谷物产量预测值

C. 农业需水量预测

以 2019 年为基准年、2050 年为目标年，根据谷物用水强度预测和产量预测，预测出在 GDP 高速、GDP 中速、GDP 低速 3 种情景下的中国农业用水需求。结果显示：平水年 GDP 中速发展水平下，2025 年、2030 年、2035 年和 2050 年全国农业需水量分别为 3543.06 亿 m^3、3580.17 亿 m^3、3622.58 亿 m^3 和 3691.01 亿 m^3；75%枯水年 GDP 中速发展水平下，2025 年、2030 年、2035 年和 2050 年全国农业需水量分别为 3613.26 亿 m^3、3651.11 亿 m^3、3694.36 亿 m^3 和 3764.14 亿 m^3（表 4.4）。

表 4.4　中国农业用水需求预测结果　　单位：亿 m^3

年份	平水年			75%枯水年		
	GDP 低速	GDP 中速	GDP 高速	GDP 低速	GDP 中速	GDP 高速
2025	3561.69	3543.06	3524.70	3632.26	3613.26	3594.54
2030	3646.95	3580.17	3515.24	3719.22	3651.11	3584.89
2035	3739.81	3622.58	3510.10	3813.91	3694.36	3579.66
2050	3888.19	3691.01	3505.24	3965.23	3764.14	3574.70

4.2.4　我国农业需水预测结果和结论

4.2.4.1　预测结果

本书采用基于作物需水机理的定额法和典型国家农业用水轨迹类比法开展农业需水预测，结果显示这两个方法的预测值相近，考虑到基于作物需水机理的定额法也应用于各省份的预测，从各省份农业需水预测到统计全国农业需水量的“自下而上”统计方法在预测农业需水量和变化规律上更为科学，故将采用基于作物需水机理的定额法预测的农业需水成果作为最终的预测结果：平水年情景下 2025 年、2030 年、2035 年和 2050 年全国农业需水量分别为 3500 亿 m^3、3483 亿 m^3、3585 亿 m^3 和 3722 亿 m^3；75%枯水年情景下 2025 年、2030 年、2035 年和 2050 年我国的农业需水量分别为 3596 亿 m^3、3580 亿 m^3、3686 亿 m^3 和 3830 亿 m^3。

对比其他研究成果或机构的农业用水量或关键指标的预测值，中国工程院重大咨询项目成果《中国水资源现状评价和供需发展趋势分析》（刘昌明和陈志恺，2001）和《中国水资源》(胡四一和王浩，2016）中的相关成果研究时间较早，未能考虑《节水灌溉工程技术标准》（GB/T 50363—2018)、中国农业发展相关报告、我国高标准农田建设等用水政策。中国水利水电科学研究院水资源研究所在 2018 年的相关研究成果（王浩等，2018）预测了以满足未来粮食需求、不逾越用水总量控制红线为目标，保证 10 亿亩高标准农田用水的耕地灌溉需水量，2025 年、2030 年实际灌溉面积分别为 8.59 亿亩、8.70 亿亩，农田灌溉水有效利用系数提高到 2025 年的 0.575 和 2030 年的 0.600，耕地灌溉需水量分别达到 3120 亿 m^3 和 3031 亿 m^3。《全国水资源综合规划（2010—2030 年)》以 2008 年为现状年，预测 2030 年多年平均农业需水量为 3691 亿 m^3，比 2020 年只减少 96 亿 m^3，随着高标准农田的建立，实际节水率与该研究相比会偏大，该研究中 2030 年农田灌溉定额为 384 m^3/亩，但实际上 2019 年农田灌溉定额就降低至 368 m^3/亩。本研究考虑了降水频率、农业节水潜力并充分参考《节水灌溉工程技术标准》(GB/T 50363—2018)、中国农业发展相关报告、我国高标准农田建设等农业政策，开展不同降水频率的农业需水预测，与其他研究机构的相关成果相比在合理范围内（表 4.5)。

表 4.5 主要研究成果对比

研究成果或机构	农业需水量或耕地灌溉需水量	关键指标
中国工程院重大咨询项目成果《中国水资源现状评价和供需发展趋势分析》（刘昌明和陈志恺，2001）	农业需水量（75%枯水年）： 1997 年 4064 亿 m^3； 2010 年 4219 亿 m^3； 2030 年 4257 亿 m^3； 2050 年 4200 亿 m^3	灌溉定额（75%枯水年）： 1997 年 477m^3/亩； 2010 年 458m^3/亩； 2030 年 441m^3/亩； 2050 年 427m^3/亩
《中国水资源》（胡四一和王浩，2016）	农业需水量（平水年）： 2020 年 4279 亿 m^3； 2030 年 4254 亿 m^3	灌溉定额（平水年）： 2020 年 413 m^3/亩； 2030 年 393 m^3/亩。 灌溉水利用系数： 2020 年 0.55； 2030 年 0.56
中国水利水电科学研究院水资源研究所（王浩等，2018）	耕地灌溉需水量： 2025 年 3120 亿 m^3； 2030 年 3031 亿 m^3	保障 10 亿亩高标准农田的灌溉需水量，2025 年和 2030 年实际灌溉面积分别为 8.59 亿亩和 8.70 亿亩。2025 年和 2030 年的灌溉水利用系数分别为 0.575 和 0.600。2030 年粮食主产区实现亩均节水 60~80 m^3
《全国水资源综合规划（2010—2030 年）》	耕地灌溉需水量（多年平均）： 2020 年 3787 亿 m^3； 2030 年 3691 亿 m^3。 农业需水量（多年平均）： 2020 年 4218 亿 m^3； 2030 年 4149 亿 m^3	2030 年灌溉定额为 384 m^3/亩（平水年），灌溉水利用系数为 0.6
本研究	耕地灌溉需水量（平水年）： 2025 年 3014 亿 m^3； 2030 年 2977 亿 m^3； 2050 年 3165 亿 m^3。 农业需水量（平水年）： 2025 年 3500 亿 m^3； 2030 年 3483 亿 m^3； 2050 年 3722 亿 m^3	2019 年灌溉定额为 368m^3/亩（平水年）。 2025 年、2030 年和 2050 年分别保障 10.75 亿亩、12 亿亩和 15.45 亿亩高标准农田的灌溉需水量。2025 年、2030 年和 2050 年实际灌溉面积分别为 8.92 亿亩、9.96 亿亩和 12.82 亿亩。 2025 年、2030 年和 2050 年灌溉水利用系数分别为 0.608、0.650 和 0.700。2030 年灌溉区与 2019 年相比实现亩均节水 85 m^3

4.2.4.2 结论和相关建议

（1）结论

1）基于作物需水机理的定额法和典型国家农业用水轨迹类比法的预测结果相近，平水年情景下，2025 年、2030 年、2035 年和 2050 年全国农业需水量分别为 3500 亿 m^3、

3483 亿 m^3、3585 亿 m^3 和 3722 亿 m^3。75%枯水年情景下，2025 年、2030 年、2035 年和 2050 年全国农业需水量分别为 3596 亿 m^3、3580 亿 m^3、3686 亿 m^3 和 3830 亿 m^3。与 2019 年相比，农业需水量在 2030 年前持续下降，2030 年后呈现不断上升趋势，平水年情景下，大约在 2045 年超过基准年的农业用水量，而 75%枯水年情景下，约在 2035 年超过基准年的农业用水量。

2）美国、西班牙、意大利、法国、英国、德国等典型国家谷物用水强度在人均 GDP 尺度呈现不同拐点的"L"形曲线，拐点不同是由谷物的种植结构不同造成的。

3）在未来平水年和 75%枯水年，耕地灌溉需水量在 2030 年前由于高标准农田建设所带来的有效灌溉面积增速小于水分利用效率和灌溉水利用系数提高的速度将呈现持续下降趋势，但 2030 年后由于有效灌溉面积增速较大而使得耕地灌溉需水量呈现增加态势。

4）未来我国各省份农业需水量差异依然较大。平水年情景下，新疆维吾尔自治区、黑龙江省和江苏省的农业需水量较大，2025 年、2030 年、2035 年和 2050 年 3 个省份农业需水量分别占全国农业需水总量的 27.8%、26.3%、25.1%和 23.8%。与 2019 年占比 29.6%相比，呈现不断下降的趋势；北京市、天津市、上海市和西藏自治区的农业需水量较小，在未来年份中均低于全国农业总需水量的 1%。

（2）相关建议

1）严格落实我国高标准农田建设要求，确保到 2022 年建成 10 亿亩高标准农田，到 2025 年建成 10.75 亿亩高标准农田，到 2030 年建成 12 亿亩高标准农田。到 2035 年，全国高标准农田保有量和质量进一步提高，形成更高层次、更有效率、更可持续的国家粮食安全保障基础。到 2050 年，全国永久基本农田基本上全部被建成高标准农田。

2）坚持节水优先方针，坚定不移走农业节水路线。因地制宜采取综合的节水措施，提高农田灌溉水利用系数和作物水分利用效率。通过推广高效的节水灌溉技术，在一般缺水的地区发展喷灌、滴灌、渠道防渗等节水灌溉技术，在严重缺水的地区发展渗灌和微灌等高效节水灌溉技术，2030—2050 年灌溉水利用系数在 0.651~0.700 之间，节水灌溉率在 0.751~0.886 之间。通过作物调亏灌溉技术、控制性分根交替灌溉技术、深耕蓄水保墒技术、农田覆盖节水技术等提高作物水分利用效率，从而降低耕地净灌溉定额，力争到 2050 年净灌溉定额较 2019 年减少 18%左右。

4.3 工业需水预测

4.3.1 工业需水预测文献综述

4.3.1.1 工业需水预测方法

国内外对工业需水量预测的研究采用的方法主要包括：①趋势预测法，即根据历史工业用水数据的变化规律推测将来工业需水量（张国强，2017；李小平，2007）；②结构分析模型，包括定额法和回归分析，吴泽宁等（2020）运用包括定额法在内的 3 种方法开展了确定性需水预测，姚建文等（1999）采用多元回归分析模型和基于宏观经济预测的各部门用水预测模型预测了我国 2010—2030 年工业用水量；③系统模型法，是对工业需水系统的描述、模仿和抽象，包括灰色预测方法、人工神经网络和系统动力学。傅金祥等（2008）在传统灰色模型的基础上构建了灰色系统残差模型进行城市工业需水量预测，提高了灰色模型方法的模拟精度。魏雪梅和张世英（2003）将BP神经网络模型和模糊神经网络模型应用于天津市城市工业需水量的预测中。梁仁君等（2005）采用系统动力学方法对我国工业中长期用水量进行了预测。

4.3.1.2 已有工业用水中长期预测结果

从实际情况来看，我国需水量预测长期以来一直过于“超前”，许多长期预测的预测结果已经被证明是明显偏大的。例如，梁仁君等（2005）认为工业用水量在2003—2022年这20年间基本稳定在1200亿 m^3；宋建军等（2004）认为2020年工业用水量在1500亿~1570亿 m^3；姚建文（1999）认为工业用水量会持续增长但增长趋势将变缓，2010—2030年工业用水年均增长率不足2%，2030年我国工业用水量达2100亿~2200亿 m^3。

总结我国工业需水预测的经验，中长期需水预测结果偏大，峰值预测结果大不相同。预测出现偏差的原因主要包括以下几个方面：①对需水规律认识不足，早期需水预测研究更多地考虑经济规模因素，对工业经济结构优化、工业用水效率的提升对水资源需求影响考虑不够；②对供给约束认识不足，对区域水资源条件及相应环境承载能力对用水约束考虑不够；③对宏观调控的约束效应认识不足，对政府调控措施对需水影响考虑不够。

4.3.1.3 环境库兹涅茨曲线在水资源方面的相关研究

环境库兹涅茨曲线（EKC）研究认为，环境退化以及资源的使用（包括水资源、森林资源等）与经济增长呈先上升后下降的倒“U”形关系，表明经济发展到一定阶段，随着人均GDP的增加，环境及资源使用问题受到更多的关注，并引入技术创新和制度变革来改善环境问题，得以逐渐扭转环境退化趋势。这意味着经济增长可能有利于改善资源过度使用及其带来的环境问题，而不仅仅是造成资源及环境问题的原因。当前相关研究多集中于能源消耗和污染物排放两方面，鲜有学者关注资源领域，聚焦于水资源领域的研究更是少之又少（许莹莹，2022；陈晓清等，2021）。

Rock（1998）最早研究了水资源的库兹涅茨曲线，认为美国经济增长与取用水之间呈倒“U”形发展曲线。Duarte等（2013）通过分析65个国家1962—2008年长时间序列的数据，认为人均用水量与人均GDP之间呈现非线性的倒“U”形关系，各个国家在不同的经济发展阶段存在用水模式差异。Munasinghe（1999）认为可利用库兹涅茨曲线来解释和概括用水，特别是工业用水与经济发展之间的关系。李强等（2015）不仅证明了中国人均工业用水EKC的存在，而且表明中国人均农业用水和人均生活用水与经济发展不存在倒“U”形关系。工业用水EKC曲线的研究得到推进（贾绍凤等，2004；Katz，2015；Gu et al.，2017；张兵兵和沈满洪，2016；许莹莹，2022），但基本只停留在对其形状的探讨和定性分析其影响因素上（陈晓清等，2021）。

4.3.2 典型国家工业用水与经济发展的规律

先行发达国家经济社会发展与工业用水量的长期变化趋势，对中国有着重要的借鉴意义。下面选取美国、德国、法国、意大利、丹麦和日本6个已经达到工业用水峰值的发达国家开展工业用水轨迹、人均 GDP 和工业 GDP 与工业用水量之间的关系等规律的识别。

4.3.2.1 美国

美国工业用水在总用水量中的占比较大，从 1950 年的 40%左右增长到 1975 年的 58%，此后维持在 50%左右并且缓慢下降。人均工业用水量和工业用水量的最高点分别出现在 1975 年和 1980 年（图 4.34），对应的人均 GDP 分别为 16990 美元（1990GK）和 19262 美元（1990GK）（图 4.35），人均工业用水量和工业用水量在工业 GDP 占比分别约为 33.2%和 33.5%时开始下降。

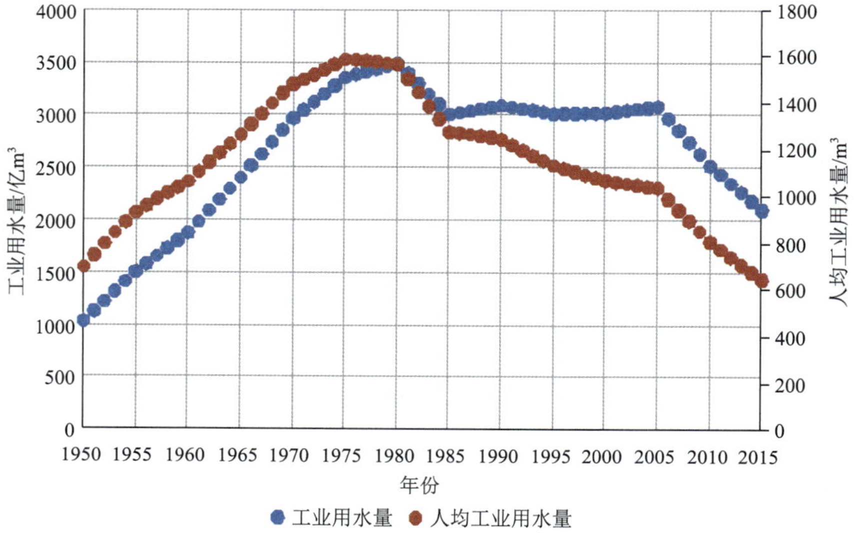

图 4.34 1950—2015 年美国工业用水量及人均工业用水量

数据来源：USGS，中国地质科学院全球矿产资源战略与研究中心，格罗宁根增长与发展研究中心（GGDC）

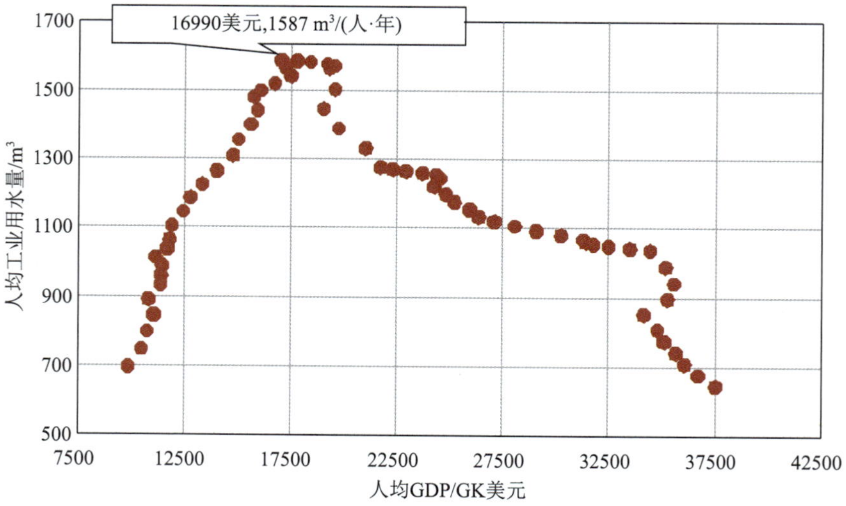

图 4.35 美国人均工业用水量与人均 GDP 的关系

数据来源：USGS，中国地质科学院全球矿产资源战略与研究中心，GGDC

美国的工业 GDP 的比例也呈现出明显的先上升后下降的倒“U”形曲线。工业 GDP 的比例由 1929 年的 21%上升至 1950 年的 36%，之后不断下降，2010 年仅为 20.4%。

美国的工业用水量在 1980 年达到峰值，之后缓慢下降，工业用水量的下降与工业 GDP 占比的下降和重工业部门用水的缩减在时间上大体一致（图 4.36）。下面具体分析美国的工业用水阶段性演进特征。①工业用水量快速上升阶段：1950 年后，美国在战后迅速将军用技术民用化，拥有了领先的制造业技术优势。与国内产业资本相结合，以技术经济和规模经济为基础，集中发展汽车、机械、化工等资本密集型产业。②工业用水达到峰值阶段及快速下降阶段：20 世纪 70—80 年代，美国受到滞胀危机和两次石油危机的冲击，以高能耗、高污染为特征的产业发展难以为继。这个阶段美国一方面加速将钢铁、造船、化工等资本密集型产业转移至以日本为代表的发达国家和新兴经济体，另一方面集中发展以微电子技术为主的低能耗技术密集型产业。③工业用水平稳下降阶段：20 世纪 90 年代，美国在以大规模集成电路、微型计算机和互联网为载体的信息通信技术取得了长足进步，促进了美国产业的转型升级。④工业用水再次快速下降阶段：第二个开始快速下降的拐点出现在 2006 年。主要原因是天然气发电量的增加以及煤炭发电量的迅速下降，以及大部分电厂直流冷却系统关闭，采取了新的冷却系统，带来火电厂用水效率的提升，火电用水量呈现逐年下降的趋势（图 4.37）；另一个原因是美国在国际金融危机后推出新的经济发展战略，推进“再工业化”。

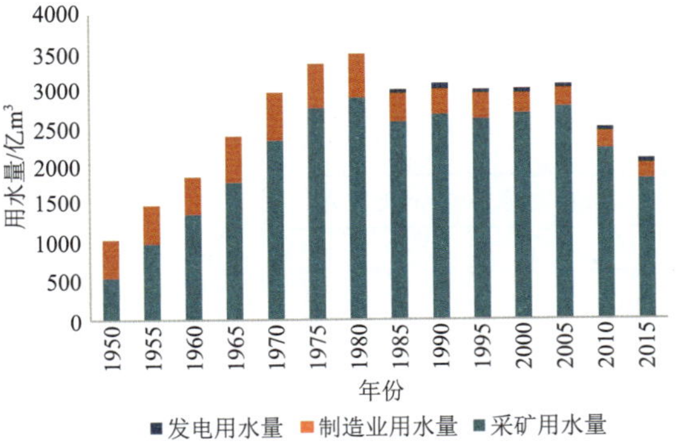

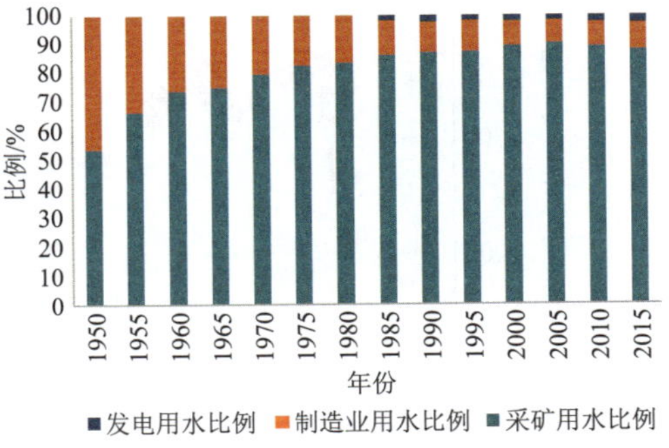

图 4.36　1950—2015 年美国工业用水量及工业用水结构

单位工业增加值用水量与人均 GDP 关系图（图 4.38）中的拐点年份反映了单位工业增加值用水量的显著下降，反映了用水效率的提升。

4.3.2.2　欧盟国家

德国工业用水量和人均工业用水量的最高点出现在 1991 年，此时工业 GDP 占比 33.5%，人均 GDP 为 16639 美元。此后德国工业用水量、人均工业用水量开始下降。在人均 GDP 为 14171 美元时，单位工业增加值用水量下降速度放缓，人均工业用水量增加速度放缓。

德国的工业用水量在 1991 年达到峰值，之后缓慢下降，工业用水量的下降与工业 GDP 占比的下降和重工业部门的缩减在时间上大体相一致（图 4.39 至图 4.41）。下面具

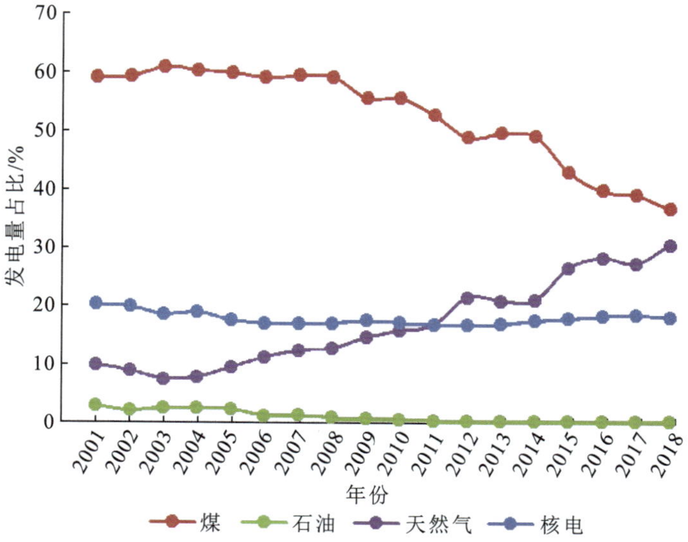

图 4.37　2001—2018 年美国电力工业发电结构

数据来源：EIA

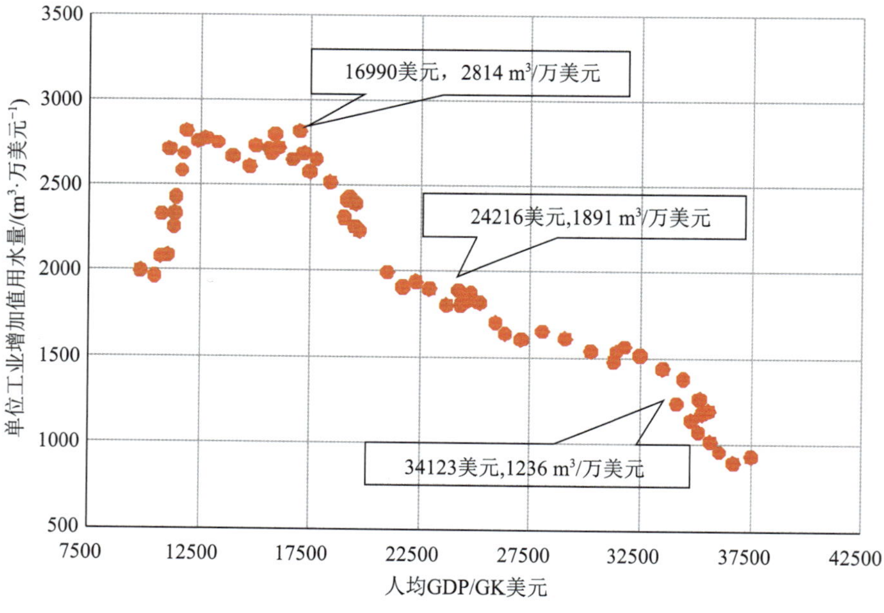

图 4.38　美国单位工业增加值用水量与人均 GDP 的关系

数据来源：USGS，世界银行，中国地质科学院全球矿产资源战略与研究中心，GGDC

体分析德国的工业用水阶段性演进特征。①工业用水量快速上升阶段：20 世纪 50 年代后，美国将纺织、造纸、制衣、皮革、食品粗加工等劳动密集型产业向德国等国家转移，德国的工业 GDP 占 GDP 的比例达到 51%，其峰值在 1960 年达到 53%。20 世纪 60—70 年代，德国利用前期承接劳动密集型产业所获得的积累资本，通过提高生产技术水平开始承接美国的煤炭、钢铁、汽车、机械、石化等资源及资本密集型产业，在这个阶段中，工业

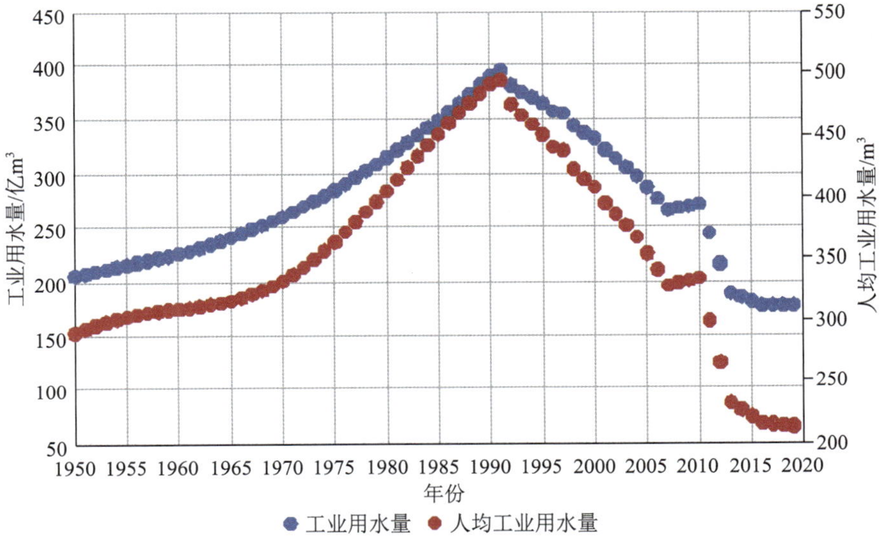

图 4.39 1950—2019 年德国工业用水量及人均工业用水量

数据来源：FAO，中国地质科学院全球矿产资源战略与研究中心，GGDC

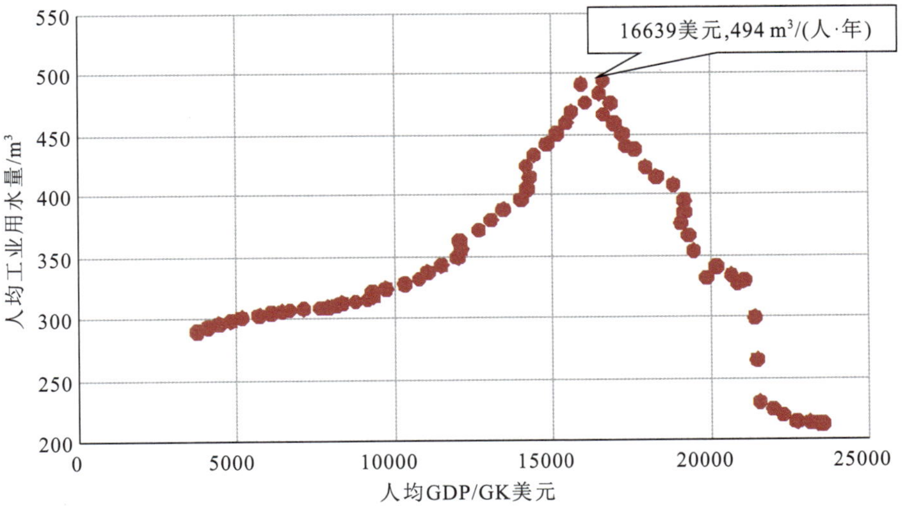

图 4.40 德国人均工业用水量与人均 GDP 的关系

数据来源：FAO，中国地质科学院全球矿产资源战略与研究中心，GGDC

用水一直保持着高增速。②工业用水达到峰值阶段及快速下降阶段：20 世纪 80—90 年代，工业用水达到峰值，工业转型向集中于工艺技术和研究密集型产品的生产，用水效率得到大幅提升，并将劳动密集型产业向新兴经济体国家转移。

法国的工业用水量、人均工业用水量均在达到人均 GDP19041 美元、工业 GDP 占比 24.0%时开始下降（图 4.42）。意大利工业用水量、人均工业用水量均在达到人均 GDP19138 美元、工业 GDP 占比 24.3%时开始下降（图 4.43）。丹麦工业用水量、人均工业用水量均在达到人均 GDP18435 美元、工业 GDP 占比 22.7%时开始下降（图 4.44）。

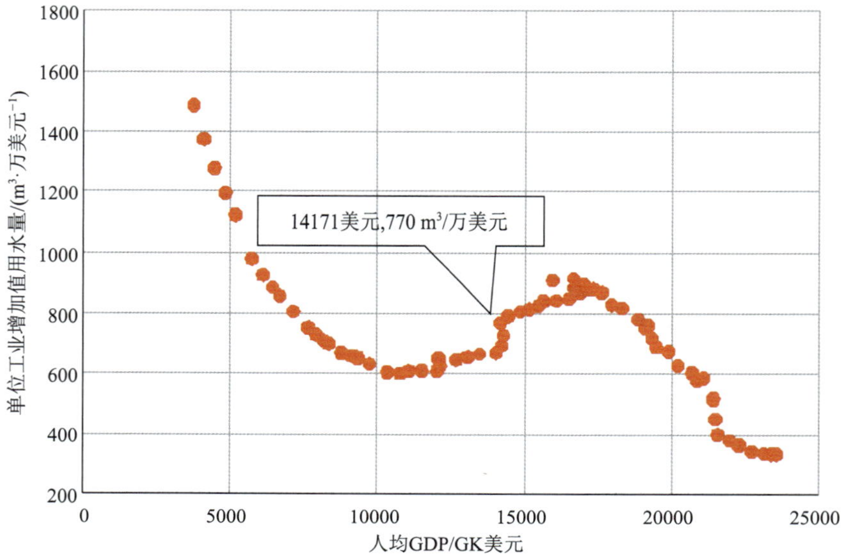

图 4.41　德国单位工业增加值用水量与人均 GDP 的关系

数据来源：FAO，世界银行，中国地质科学院全球矿产资源战略与研究中心，GGDC

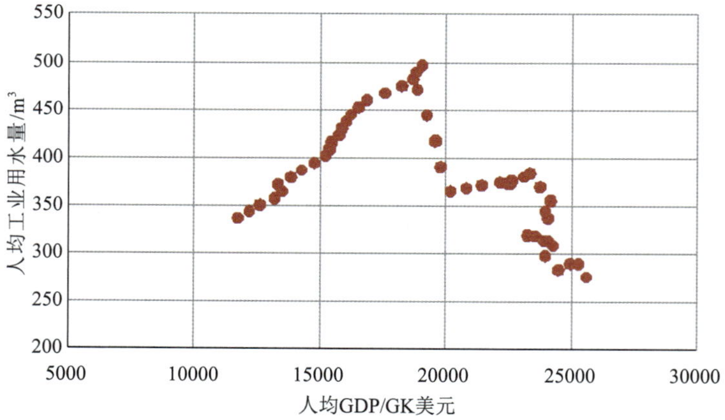

图 4.42　法国人均工业用水量与人均 GDP 的关系

数据来源：FAO，中国地质科学院全球矿产资源战略与研究中心，GGDC

4.3.2.3　日本

日本工业用水量在 1970 年达到峰值，人均工业用水量在 1963 年达到峰值，此时工业 GDP 占比 40%（图 4.45）。工业用水量第一个开始下降的拐点出现在 1970 年，之后迅速下降，下降的主要原因是用于发电的工业用水量迅速降低。第二个开始下降的拐点出现在 1992 年，之后经历短暂的快速上升和快速下降后趋于缓慢下降。

日本工业 GDP 占 GDP 的比例的发展呈现出明显先上升后下降的倒“U”形曲线，工业 GDP 占 GDP 的比例从 1920 年的 18%逐步上升至 1970 年 43.5%的峰值，随后该比例不断下降，近 10 年来保持在 26%～29%的范围内波动。

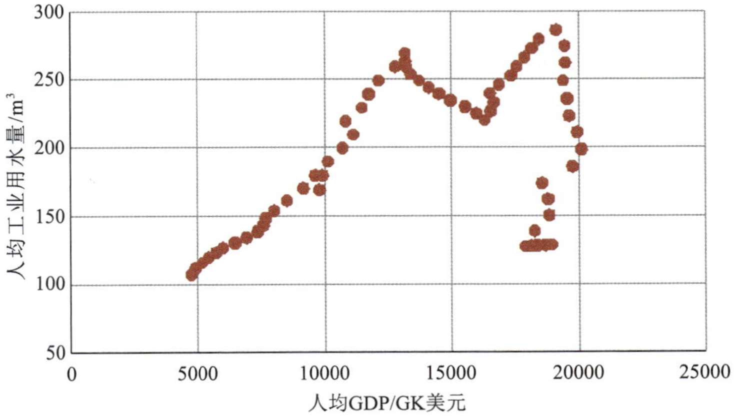

图 4.43 意大利人均工业用水量与人均 GDP 的关系

数据来源：FAO，中国地质科学院全球矿产资源战略与研究中心，GGDC

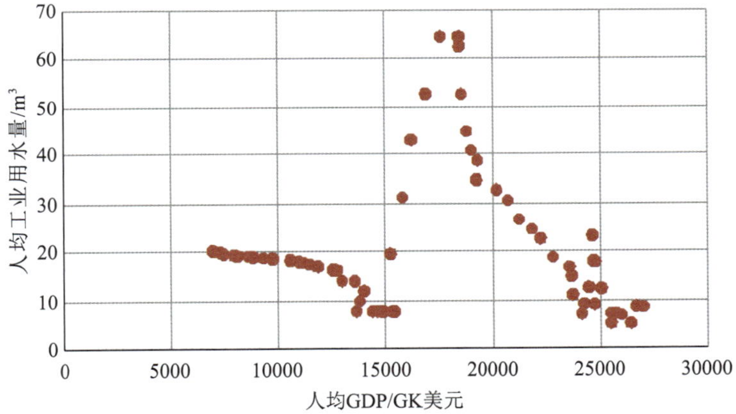

图 4.44 丹麦人均工业用水量与人均 GDP 的关系

数据来源：FAO，中国地质科学院全球矿产资源战略与研究中心，GGDC

日本在人均 GDP 达到 5000 美元时，单位工业增加值用水量下降速度放缓，工业用水量增加速度放缓。人均工业用水量和工业用水量分别在达到人均 GDP5106 美元和 9615 美元、工业 GDP 占比分别约为 40%和 43%时开始下降（图 4.46）。

4.3.2.4 工业用水消费特征

1）发达国家工业用水随经济发展的变化存在着一个先上升后下降的转折点。

2）工业用水量及人均工业用水量达到下降转折点时，各国对应的人均 GDP 阈值相差较大，基本分布在 10000~20000 美元之间。欧美国家达到下降转折点时的人均 GDP 分布在 16000~20000 美元之间。各国工业用水量及人均工业用水量达到下降转折点时，工业 GDP 在 GDP 总量中的占比分布在 23%~43%之间。其中，工业用水中以发电用水为主的美国、德国和法国，工业用水量及人均工业用水量达到下降转折点时，工业 GDP 在 GDP 总量中的占比为 24%~33%；以制造业（化学工业、造纸和钢铁制造业）为主的日本，工

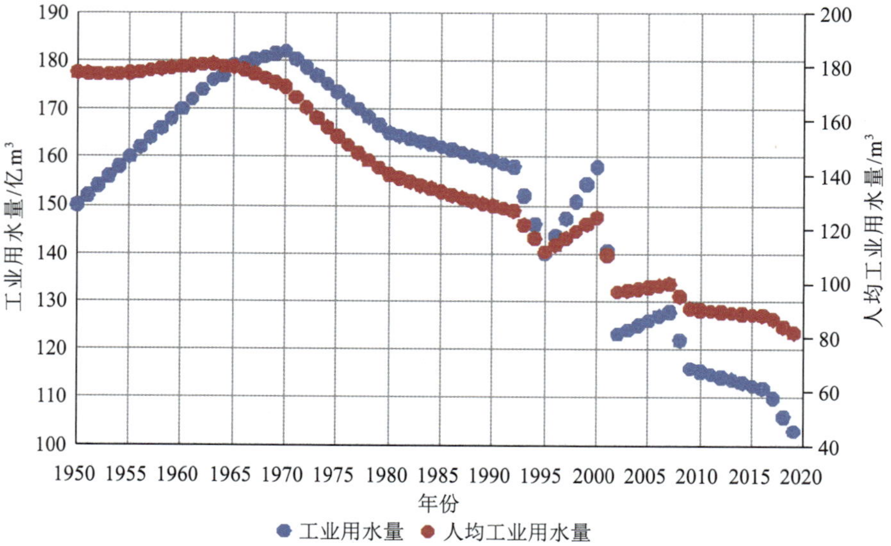

图 4.45 1950—2019 年日本工业用水量及人均工业用水量

数据来源：FAO，中国地质科学院全球矿产资源战略与研究中心，GGDC

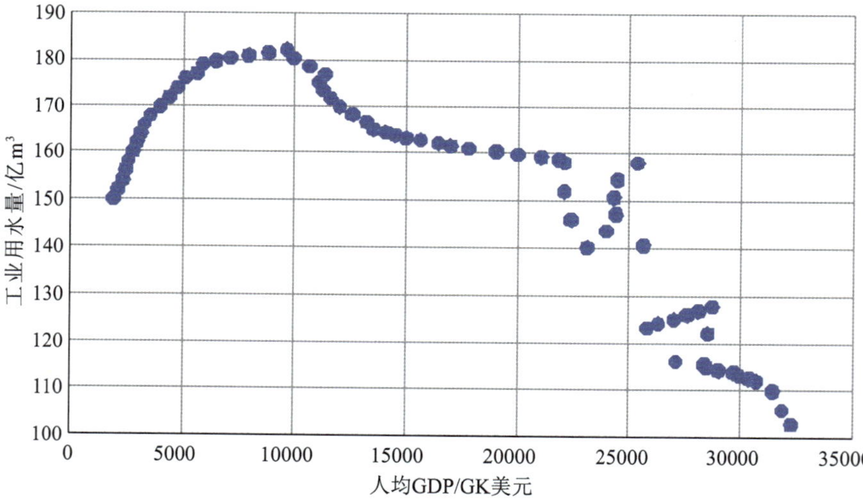

图 4.46 日本工业用水量与人均 GDP 的关系

数据来源：FAO，中国地质科学院全球矿产资源战略与研究中心，GGDC

业用水量及人均工业用水量达到下降转折点时，工业 GDP 在 GDP 总量中的占比为 40%～43%。

3）工业用水量、人均工业用水量的下降开始时间与工业 GDP 占比的下降时间、重工业部门的缩减时间大体一致。

4）发达国家工业用水量下降的主要原因包括：节水工艺及技术进步带来的各产业部门用水效率的提升；工业部门内部产业经济结构的调整和重工业的缩减，电力部门的冷却方式升级转型；环境保护的压力；用水价格的不断增长等因素。

从发达国家的经验看，大多数国家工业化过程中用水量的增长都经历了快速增长、缓慢增长、零增长和缓慢下降4个阶段。在工业化初期，以能源、原材料为主的重工业高速发展，用水量处于快速增长阶段；经历工业化初期的用水快速增长阶段后，在工业化中后期，先行发达国家通过转移发展加工型工业、高技术高附加值工业，普及应用节水技术及工艺，再加上制度的完善及节水意识的提升，工业用水增长幅度下降；进入后工业化阶段，主导行业向第三产业转移，产业结构进行重大调整，同时国家积极改进工业技术、建立健全法规体系、强化用水管理等，最终达到用水零增长甚至负增长。

4.3.3 我国工业需水预测

4.3.3.1 我国工业用水与经济发展的规律

我国工业用水量和人均工业用水量的峰值出现在2011年，之后逐渐平稳下降（图4.47）。在人均GDP5000美元时，单位工业增加值用水量下降速度放缓，工业用水量增加速度放缓（图4.48，图4.49）。工业用水量、人均工业用水量均在达到人均GDP10000美元（图4.48）、工业GDP占比46.5%时开始下降。

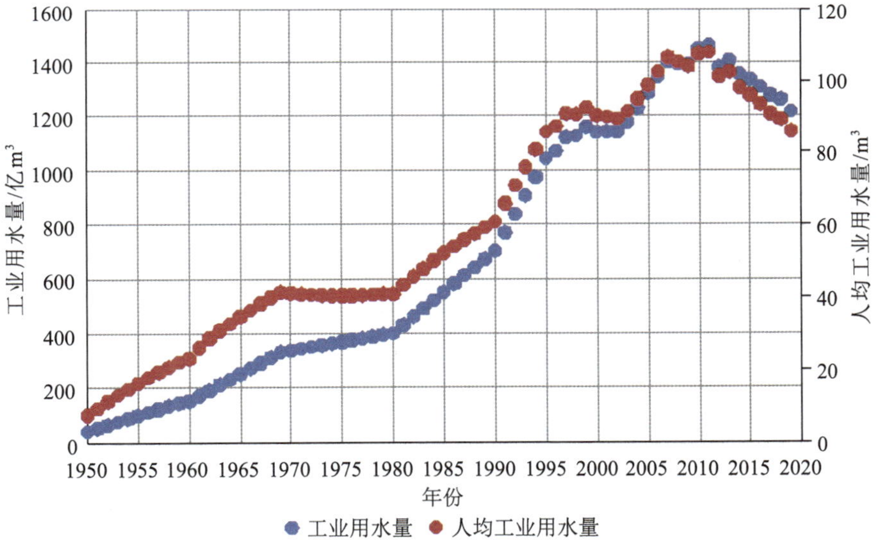

图4.47 1950—2019年中国工业用水量及人均工业用水量

数据来源：中国水资源公报，中国地质科学院全球矿产资源战略与研究中心，中国统计年鉴

4.3.3.2 电力系统转型与工业用水的节水潜力

我国的工业用水过于集中于高耗水部门，存在一定的不合理性。这种不合理性在电力、热力的生产及供应业上尤为明显。2019年，电力、热力的生产及供应业的用水量约占工业总用水量的44%，电力、热力的生产和供应业中火力发电业用水量占整个行业用水量的80%左右，火力发电业用水量占工业用水量的比例为38%~40%。目前中国工业用水主要集中在华东及华南地区，2019年全国工业用水量为1217.6亿m^3，江苏省工业用水

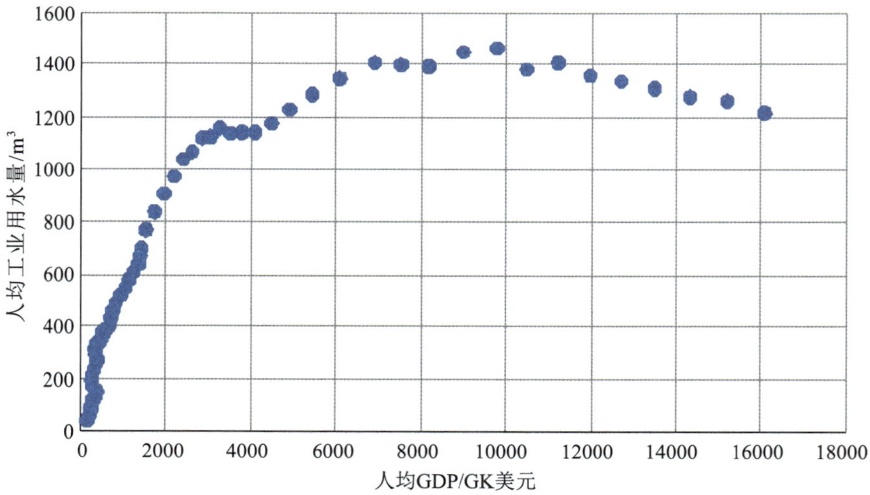

图 4.48　中国工业用水量与人均 GDP 的关系

数据来源：中国水资源公报，中国地质科学院全球矿产资源战略与研究中心，中国统计年鉴

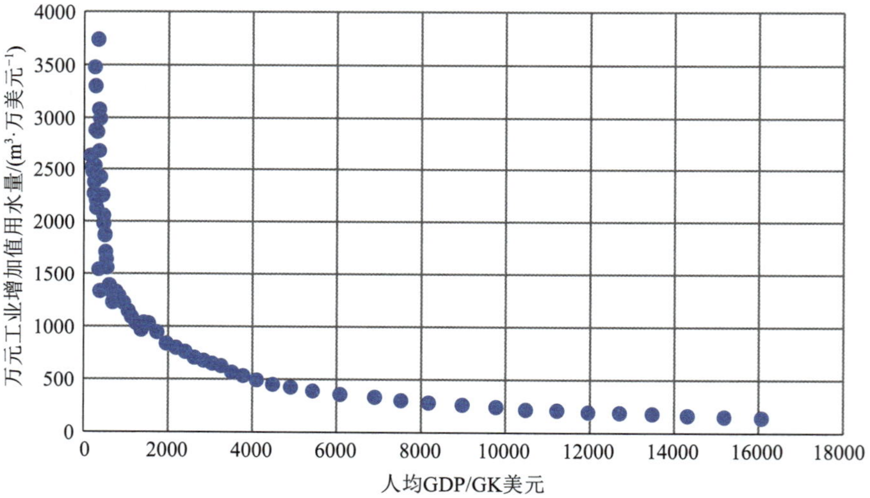

图 4.49　中国万元工业增加值用水量与人均 GDP 的关系

量最多，达到 248.3 亿 m^3，其中 82%的工业用水用于直流火核电。广东、安徽、湖北、湖南等省份工业用水量也均超过 80 亿 m^3，这些省份工业用水量的 35%～60%都用于火核电工业，且多采用直流冷却系统。

不同发电技术对水资源需求的差异很大，空气冷却的发电厂与直流冷却系统相比全生命周期用水减少 50%以上。用水密集型的发电技术，一方面会加剧缺水地区的供水问题，另一方面会制约电厂的运行效率。已有研究表明，与煤炭等化石燃料发电相比，风力发电可减少超过 79%的全生命周期二氧化碳排放，并可能节省高达 83%的水。

从全球碳排放的能源结构看，碳排放主要来自电力、交通和制造业，2018 年 3 个行业的碳排放占比达到 85%，其中两个部门均为工业部门，电力行业碳排放占比最高，

2018 年二氧化碳排放量达 140 亿 t，占比约为 42%。因此，电力行业的低碳转型对于中国实现碳达峰目标和碳中和愿景至关重要。在中国、欧盟等规划的减排路线图中，各行业减排指标中电力行业的减排要求最高。

电力低碳化转型的路径目前已有多家研究机构发布相关研究报告，国际能源署（IEA）、国际可再生能源机构（IRENA）、国家发改委能源研究所等通过自上而下的模型情景假设，对温度提升 2℃或 1.5℃下开展中国能源转型路径分析，针对电力系统的讨论主要集中在电力结构优化、电力在终端能源消费中的占比等问题；已有研究针对碳减排目标下中国电力系统转型路径。本书参考国家电网研究院适应低碳转型要求的电力供应发展趋势研究成果，得到 2030 年、2050 年全国电量结构变化趋势（到 2030 年煤电发电量持平大约为 40000 亿 kW · h，2050 年煤电发电量减半至 20000 亿 kW · h）。采用美国能源部报告中不同发电技术所消耗全生命周期用水量报告数据，选取发电过程中生产用水的用水指标数据，结合我国工业用水定额数据，设置碳减排目标下中国电力系统转型路径下的不同情景，预测未来 30 年我国工业用水的节水潜力。

4.3.3.3 基于工业部门结构及用水效率的工业水资源需求预测方法

（1）预测方法

在分析并总结发达国家工业用水量与经济发展的规律的基础上，总结了发达国家工业用水达到峰值时的经济发展水平、产业结构、第二产业内部轻重工业结构特征，美国、德国、法国、日本等国家工业化过程中用水量的增长都经历了快速增长、缓慢增长、零增长和缓慢下降 4 个阶段，在此基础上进一步分析工业用水缓慢增长、零增长和缓慢下降阶段的工业结构。

通过分析，发现影响工业用水量的主要指标包括工业经济发展阶段（工业增加值、重工业增加值、轻工业增加值）、人口（人均工业用水量）、用水效率（万元工业增加值用水量、单位产品用水定额），结合环境库兹涅茨曲线假说，采用工业用水长周期时间序列数据和面板数据，分析发达国家和中国的工业用水量与经济发展之间的关系。

其中，通过开展典型国家工业经济发展阶段与工业用水规律分析，发现工业用水量下降时工业 GDP 在 GDP 总量中的占比在 23%～40%之间，并且工业用水量的下降与工业 GDP 占比的迅速下降和重工业部门的缩减在时间上相一致。工业 GDP 在 GDP 总量中的占比、工业增加值内部轻重工业增加值结构的变化，可以反映工业发展的阶段性。

目前评价工业用水效率的两个主要指标分别是万元工业增加值用水量和单位产品用水定额。万元工业增加值用水量便于不同地区用水效率的横向比较，是反映工业用水产出效率的关键指标；单位产品用水定额侧重于从产品的角度反映用水效率，能够反映产品生产过程的用水水平，便于同类产品用水效率的对比，是衡量工业企业用水水平的关键指标。该指标可以通过监测资料计算得到，也是我国行业用水定额标准制定的主要依据，但是该指标仅适用于行业内的综合用水效率比较，并不适用于行业间的比较，故选取万元工业增加值用水量作为工业用水需求预测的关键指标。

选取万元工业增加值用水量和工业增加值作为用水预测的关键指标，结合我国经济发展阶段性特征、轻重工业结构的变化、工业转型目标、节水工艺的进步，综合预测 2020—2050 年万元工业增加值用水量和工业增加值，进而预测未来工业需水量。

（2）指标选取及数据来源

选取的关键预测指标包括工业增加值、轻工业增加值、重工业增加值、人均工业增加值、工业用水量、人均工业用水量、万元工业增加值用水量。数据来源包括水资源公报、水资源普查报告、国家统计局、国家电力统计年鉴等。

（3）情景设置

A. 工业增加值情景设置

工业增加值的高—中—低情景。

B. 用水效率情景设置

用水效率的高—中—低情景。

在用水效率的高—中—低情景中分别考虑电力系统的低碳—中碳—高碳转型情景下的工业用水节水潜力——结合国家电网对2030年、2050年全国电量结构变化趋势的预测，设置2050年电力系统低碳转型的高—中—低情景。

低碳排放情景：煤电10000亿kW·h，气电5000亿kW·h，核电20000亿kW·h，水电20000亿kW·h，风电50000亿kW·h，光伏40000亿kW·h，其他10000亿kW·h；共计16万亿kW·h。

中碳排放情景：煤电15000亿kW·h，气电10000亿kW·h，核电20000亿kW·h，水电20000亿kW·h，风电45000亿kW·h，光伏35000亿kW·h，其他10000亿kW·h；共计16万亿kW·h。

高碳排放情景：煤电25000亿kW·h，气电15000亿kW·h，核电20000亿kW·h，水电20000亿kW·h，风电40000亿kW·h，光伏30000亿kW·h，其他10000亿kW·h；共计16万亿kW·h。

4.3.3.4 工业需水预测结果

通过统计，1997—2002年我国万元工业增加值用水量（工业用水强度）平均下降率为7.3%，其中2002年下降率达到10%，高出平均值2.7%；国家发改委宏观经济研究院研究认为2003—2022年我国万元工业增加值用水量年均下降4.7%，根据实际统计，2003—2019年我国万元工业增加值用水量年均下降10.2%，其中2011—2019年我国万元工业增加值用水量年均下降8.68%。开展回归分析（图4.49），结合未来人均GDP预测情景，预测未来的万元工业增加值用水量。在预测过程中，采用电力系统的低碳—中碳—高碳转型情景下的工业用水节水潜力倒逼万元工业增加值用水量的下降潜力，以此调整回归分析预测的万元工业增加值用水量，使得回归分析预测的万元工业增加值用水量不小于从电力系统转型角度预测的万元工业增加值用水量。

经预测，在2019年的万元工业增加值用水量下降率8.68%的基础上，中等情景下，2020—2035年万元工业增加值用水量下降率增加0.5%/年，2036—2050年万元工业增加值用水量下降率再增加0.3%/年。工业增加值的预测是在分析2001—2009年、2010—2019年工业增加值平均增长率的基础上，结合轻重工业的结构和未来工业发展规划，分别给出中等情景下2020—2035年、2036—2050年工业GDP增速预测值。

经预测：在中速经济增长-中等用水效率提升情景下，2025 年、2030 年、2035 年、2050 年中国工业需水量分别为 1099.7 亿 m^3、956.67 亿 m^3、854.22 亿 m^3、613.74 亿 m^3；在高速经济增长-中等用水效率提升情景下，2025 年、2030 年、2035 年、2050 年中国工业需水量分别为 1153.08 亿 m^3、1051.88 亿 m^3、985.26 亿 m^3、817.91 亿 m^3；在低速经济增长-中等用水效率提升情景下，2025 年、2030 年、2035 年、2050 年中国工业需水量分别为 1048.33 亿 m^3、869.28 亿 m^3、739.58 亿 m^3、459.25 亿 m^3（表 4.6）。

表 4.6　中国中长期工业需水量预测　　　单位：亿 m^3

年份	高速经济增长-高等用水效率提升情景	高速经济增长-中等用水效率提升情景	高速经济增长-低等用水效率提升情景	中速经济增长-高等用水效率提升情景	中速经济增长-中等用水效率提升情景	中速经济增长-低等用水效率提升情景	低速经济增长-高等用水效率提升情景	低速经济增长-中等用水效率提升情景	低速经济增长-低等用水效率提升情景
2025	1122.25	1153.08	1249.65	1070.30	1099.70	1191.81	1020.30	1048.33	1136.13
2030	985.81	1051.88	1215.74	896.58	956.67	1105.70	814.69	869.28	1004.70
2035	852.02	985.26	1265.16	738.70	854.22	1096.88	639.57	739.58	949.68
2040	736.39	922.86	1316.58	608.61	762.73	1088.13	502.09	629.23	897.68
2050	587.11	817.91	1422.32	440.55	613.74	1067.26	329.66	459.25	798.62

值得注意的是，在该工业需水预测模型下，在高速经济增长-低等用水效率提升情景下，工业用水量在 2030 年之后会继续增加（图 4.50），反映了如果只追求经济发展规模，不重视用水效率技术水平提高，工业用水量将得不到良好的控制，反而继续增加。

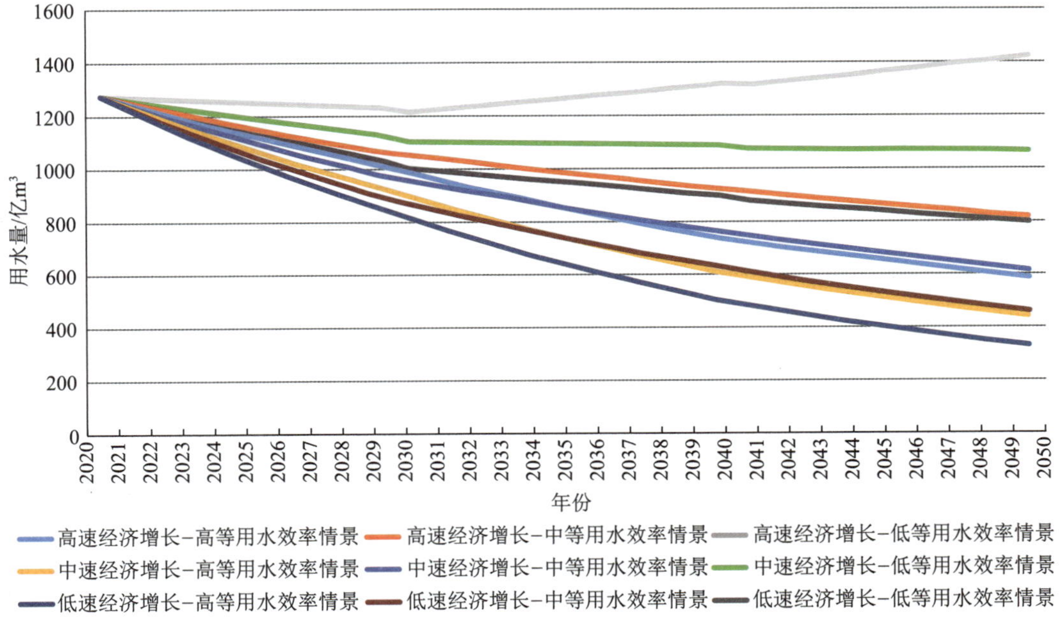

图 4.50　中国工业需水量情景预测分析

随着工业结构的调整和用水效率的提升，近20年以来我国工业用水总体呈现平稳到下降的趋势。预测在中速经济增长-中等用水效率提升情景下，2025年、2030年、2035年、2050年中国工业需水量分别为1099.7亿m^3、956.67亿m^3、854.22亿m^3、613.74亿m^3。在中速经济增长-中等用水效率提升情景下，我国各个省（自治区、直辖市）工业需水量呈现逐渐减少的趋势，具体如表4.7所示。

表4.7　中速经济增长-中等用水效率提升情景下我国各省（自治区、直辖市）工业需水量

单位：亿m^3

年份	北京市	天津市	河北省	山西省	内蒙古自治区	辽宁省	吉林省	黑龙江省	山东省	河南省	上海市
2025	2.40	5.34	16.24	13.59	12.26	16.53	16.05	17.52	24.57	37.64	60.85
2030	2.13	5.36	15.22	13.63	12.23	14.62	14.19	15.50	23.03	35.29	61.06
2035	1.96	5.25	14.31	13.37	12.23	12.99	12.61	13.77	21.66	33.19	59.87
2040	1.90	5.25	14.00	13.41	10.15	11.81	11.46	12.51	21.45	32.86	60.04
2045	1.86	5.13	13.39	13.16	8.43	11.01	10.69	11.66	21.14	32.39	58.93
2050	1.87	5.01	12.8	12.92	7.00	10.42	10.22	11.15	20.85	31.94	57.84

年份	江苏省	浙江省	安徽省	福建省	江西省	湖北省	湖南省	广东省	广西壮族自治区	海南省	重庆市
2025	242.76	44.72	93.92	79.72	58.75	85.18	83.43	103.9	44.61	2.71	29.54
2030	243.61	44.88	94.25	79.99	58.95	85.48	83.72	104.26	44.77	2.34	29.65
2035	238.87	44.00	92.41	78.44	57.81	83.81	82.09	102.23	43.89	2.08	29.04
2040	240.04	43.81	92.02	78.10	57.56	83.45	81.74	101.27	43.48	1.89	28.62
2045	236.80	42.57	89.4	75.88	55.92	81.08	79.41	97.89	42.03	1.77	27.52
2050	233.61	41.36	86.86	73.72	54.33	78.77	77.15	94.62	40.63	1.69	26.47

年份	四川省	贵州省	云南省	西藏自治区	陕西省	甘肃省	青海省	宁夏回族自治区	新疆维吾尔自治区
2025	34.91	24.11	22.71	1.49	13.92	5.38	2.26	4.01	11.66
2030	35.03	24.20	22.79	1.50	13.97	4.76	2.00	3.55	10.32
2035	34.31	23.73	22.35	1.47	13.70	4.23	1.78	3.15	9.17
2040	33.82	23.63	22.25	1.48	13.64	3.84	1.61	2.87	8.33
2045	32.52	22.95	21.62	1.49	13.25	3.58	1.51	2.67	7.76
2050	31.27	22.30	21.01	1.54	12.87	3.43	1.44	2.55	7.42

近20年以来，松辽流域和东部沿海地区工业用水下降趋势最为明显，与工业用水峰值相比，松辽流域减少109亿m^3，东南诸河和珠江流域片区减少92亿m^3。具体分析，东北地区的黑龙江省、吉林省、辽宁省未来工业需水量随着东北工业基地的产业转型将大幅下降。中西部地区的新疆维吾尔自治区、内蒙古自治区、山西省、陕西省等省份，拥有丰富的煤炭资源，煤炭开发、煤化工、发电等能源产业的发展仍然有较高的用水需求，工业需水量稳中下降速度相对平稳，工业用水量下降的驱动力主要来自能源工业结构调整和

用水效率的提升。华北地区的北京市、天津市、河北省、山东省、河南省等省份，用水结构以农业和工业并重，受限于水资源禀赋条件，未来工业需水量平稳并有所下降，工业用水效率较高，节水工艺较先进，工业用水量下降的驱动力主要来自区域发展与工业产业结构调整。东南沿海的上海市、江苏省、浙江省、安徽省等省份，水资源禀赋条件较好，工业用水量在全国各省份中最多，其中江苏省工业用水量最多，2019 年达到 202.4 亿 m^3。广东省、安徽省、湖北省、湖南省等省份也均超过 80 亿 m^3。工业用水结构中很大比例来自火电用水，2019 年江苏省 66%的工业用水用于火核电，广东省 35.6%的工业用水用于火核电，未来水资源利用效率仍有很大的提升空间，节水空间非常大。西南地区的四川省、重庆市、云南省、西藏自治区等省份，水资源禀赋条件较好，工业水资源减少的驱动力主要来自工业产业的转型升级。

4.4 生活需水预测

4.4.1 生活需水预测方法

4.4.1.1 生活需水预测方法综述

目前生活需水预测方法大致有 3 类：趋势预测法、结构分析模型和系统分析模型。趋势预测法适用于短期预测。结构分析模型包括回归分析和定额法。回归分析可以根据相应变化因素修正预测值，同时可以大体上把握预测值的误差，但该方法需要长系列的历史用水数据，若系列太短则会影响回归结果的质量。定额法比较直观，简单易行，可以综合考虑各种因素的变化甚至是政策性的调整，但在实际运用中人为因素大，有时过于主观。系统分析模型是对生活需水系统的描述、模仿和抽象，包括灰色预测方法、人工神经网络和系统动力学。Romano 和 Kapelan（2014）利用时间序列的趋势外推法和神经网络建立了一种实时的需水预测水量配置系统，该系统具有智能的自适应能力，被成功地用于生活需水的预测。Polebitski 和 Palmer（2010）综合考虑人口、气象和经济等因素，利用回归模型成功预测了美国西雅图的居民生活用水量。胡德秀和杨杰（1999）基于灰色理论建立了单变量的一阶灰色预测模型，并成功应用于连云港市年需水量的预测。

4.4.1.2 本书采用的生活需水预测方法

本书采用典型国家生活用水类比法预测我国生活需水量。具体的方法包括：①分析典型国家人均生活用水量与城市化率之间的规律，采用回归分析确定我国预测模型进行预测；②根据生活用水结构相近的典型国家的人均生活用水量预测我国的人均生活用水量，采用定额法开展我国未来 30 年的生活需水预测。典型国家类比生活用水类比法可提高常规回归分析和定额法预测结果的精度。

4.4.2 典型国家生活用水规律

4.4.2.1 人均生活用水量与城市化率

生活需水影响因素包括需水人口、居民可支配收入、节水技术和理念、气候等。根据经济发展历程、发展水平及水资源供需特点差异，可以将典型国家分为后工业化国家和快速发展中的大国两大类。本研究分别挑选了美国、英国、法国、日本等10个国家的生活用水❶、人均GDP和城市化率数据，发现随着城市化率的提升，城市人口数量不断提升，用水习惯的改变以及公共用水的增加使得人均生活用水量不断提升。但是，在城市化率达到一定阶段之后，随着用水效率的提升以及用水政策的调整，人均生活用水量开始进入缓慢下降的阶段（图4.51）。

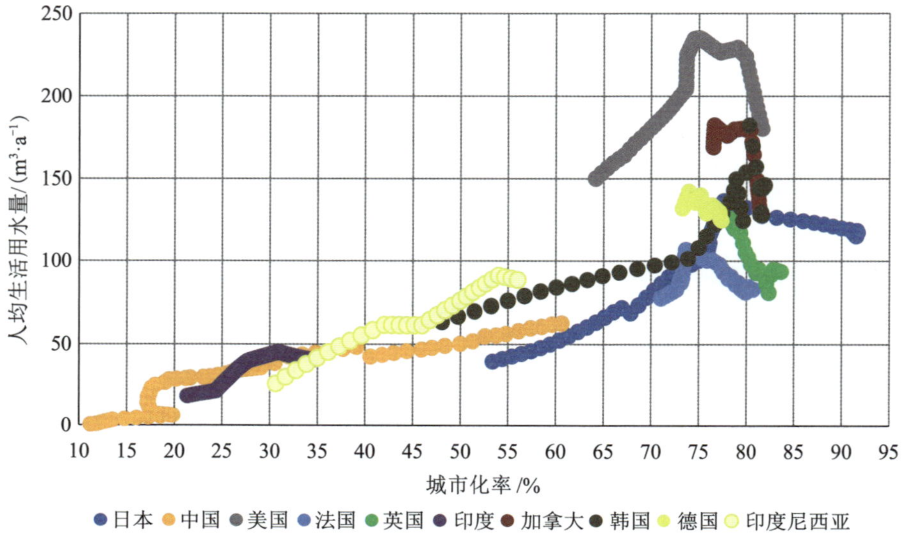

图4.51　典型国家城市化率与人均生活用水量的关系

数据来源：FAO，中国水资源公报，中国地质科学院全球矿产资源战略与研究中心，中国统计年鉴

城市化率与人均生活用水量之间呈现一种不对称的倒“V”形结构，城市化率峰值之前呈现指数上升趋势，达到城市化率峰值之后则呈线性下降（图4.52）。而且，大多数国家人均生活用水的零增长点位于城市化率80%左右。在达到零增长点之前，其变化关系可以表示为：

$$Dem_{dom} = A \times lnuban + B$$

在达到零增长点之后，其变化关系可以表示为：

$$Dem_{dom} = B \times urban$$

式中：Dem_{dom} 为人均生活用水量，m^3/a；*urban* 为城市化率,%；*A* 和 *B* 均为系数。

由于各个国家国民的生活方式、发展水平等的差异，因此人均生活用水量有一定的差异。如美国，因为洗车、保养泳池等原因，存在大量的室外用水，所以生活用水量比其他国家都要高。各个国家人均生活用水量峰值时的城市化率与人均GDP（GK美元）如表4.8所示（因为中国、印度尼西亚、印度还未达到用水量峰值，因此采用2019年的数据）。由表可知，各典型国家人均生活用水量达到峰值时的城市化率为70%~80%。

❶　除中国外其他典型国家生活用水采用FAO中相应国家的市政用水量进行研究。

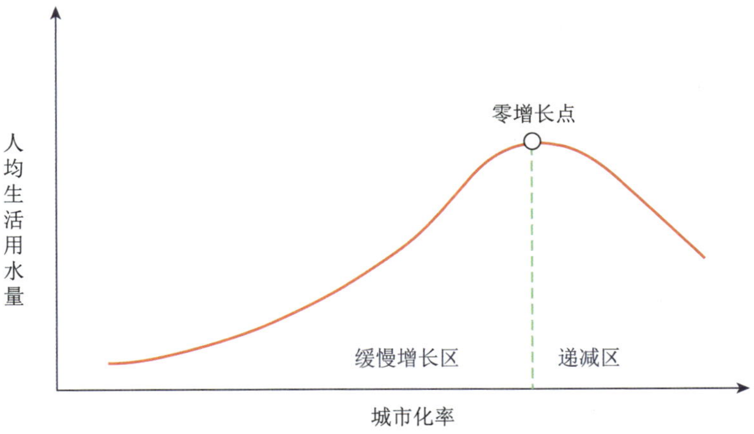

图 4.52　城市化率与人均生活用水量的关系

表 4.8　典型国家人均生活用水峰值及对应指标

国家	人均生活用水峰值/($m^3\cdot a^{-1}$)	城市化率/%	人均 GDP/GK 美元
美国	235.0	74.9	23658.9
英国	126.1	78.3	15201.2
法国	107.1	73.7	16209.6
加拿大	182.0	76.6	18330.2
德国	142.3	73.9	17223.2
日本	137.2	78.7	25328.0
韩国	182.0	80.3	17326.0
印度	40.98	34.53	5146.36
印度尼西亚	87.94	55.76	6821.44
中国	62.27	60.60	16078.32

4.4.2.2　美国生活用水变化规律和家庭用水结构

(1) 生活用水变化规律

美国的生活用水主要包含公共供水和乡村供水，生活用水占比一直维持在 10%左右。美国生活用水可以划分为 3 个阶段。①1950—1988 年，随着经济的快速发展，城市化率不断提高，生活用水量与人均生活用水量不断增加，在 1988 年城市化率达到 75%，人均生活用水量达到顶点，此时人均 GDP 为 23659 美元。②1988—2005 年，人均生活用水量变化不大（图 4.53），人口的继续增长和城市化率的提高使生活用水量持续增加并在 2005 年达到顶点，人均生活用水量处于缓慢下降的趋势，此时人均 GDP 为 34409 美元。③2005 年之后，城市化率仍保持增长，但生活用水量及人均生活用水量开始呈现快速下降的趋势。

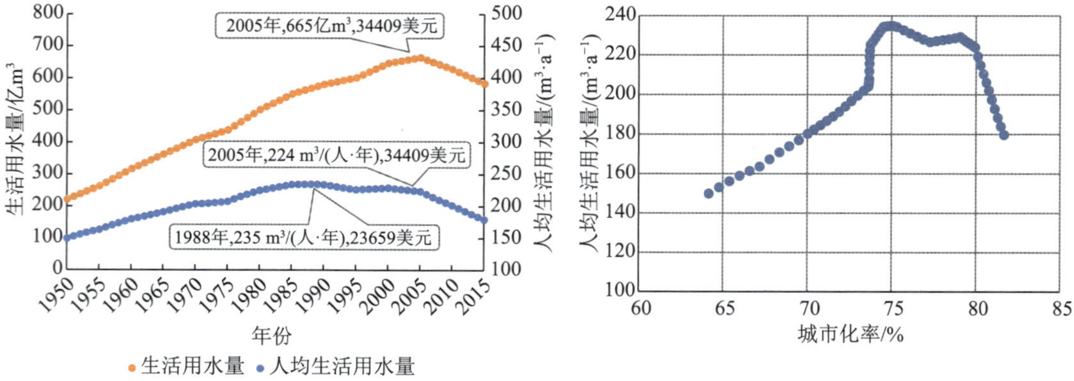

图 4.53　美国生活用水量与城市化率变化规律

（2）家庭用水结构

美国的家庭生活用水可以分为室内和室外用水两个部分。室外用水主要用于花园灌溉、水池维护和洗车。Mayer 等（1999）的研究显示，平均而言，美国家庭用水中 58%的用水量用于室外，只有 41%用于室内（图 4.54a）。

室外用水占比因城市及其相关天气模式差异会有不同，比如气温高、降水量少的城市室外用水占比更高，各州室外用水占比从 22%～67%不等。Hermitte 和 Mace（2012）在 2004—2011 年的一项对得克萨斯州的追踪调查显示，得克萨斯州室外使用水量占总使用水量的比例从最低的休斯敦的 20%到最高的泰勒的 53%，全州加权平均值为 31%（图 4.54b）。

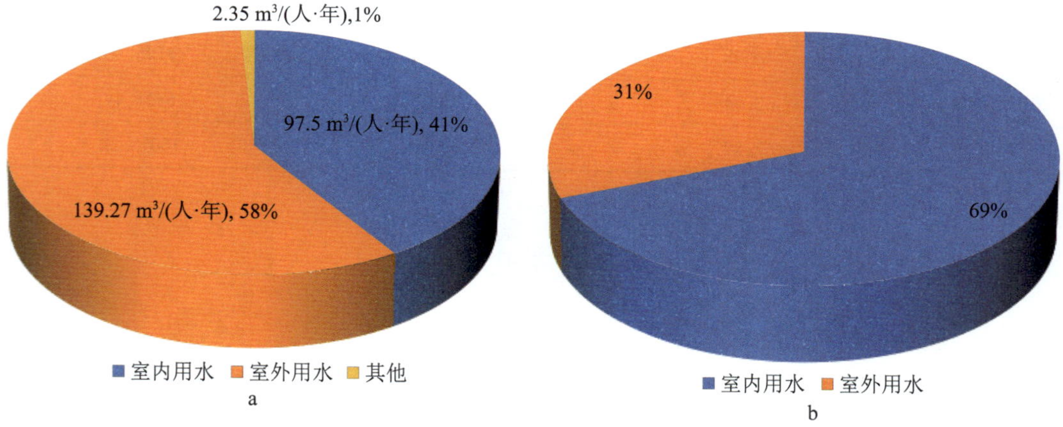

图 4.54　美国家庭用水结构对比

a—1999 年居民生活用水，数据来源于 Mayer 等（1999）；
b—得克萨斯州 2004—2011 年居民日均生活用水平均占比，数据来源于 Hermitte 和 Mace（2012）

美国的室外用水量受到水成本、家庭收入、住宅年龄、景观面积、草的类型、是否使用自动灌溉系统、降水、气候和当地的审美景观偏好等多种因素的影响。但随着经济的发展，并不一定能降低室外用水量，相反较新建成的家庭室外用水更多。Deoreo 和 Mayer

(2012) 对比了 Mayer 等 (1999) 的研究结果，发现每年室外用水量已经从 1999 年的每户 317.97 m^3 增加到了 2011 年的 341.82 m^3，并且还发现 2001 年以前建造的家庭每年用于室外的用水量平均为 288.07 m^3，而 2001 年后建造的家庭平均为 317.97 m^3。

美国的家庭室内生活用水量近年来有所降低。Deoreo 等 (2016) 的研究显示，2016 年家庭室内人均年用水量为 80.97 m^3，相对于 1999 年的 97.5 m^3 下降了 15% (图 4.55)。在家庭室内用水结构方面，家庭室内用水主要用于厕所、洗衣机、洗浴、洗碗机等方面。在 2016 年，用水量最多的为厕所用水，其他如洗衣机、淋浴以及水龙头用水也占有很大比例。值得注意的是，在美国家庭用水中有超过 13% 的用水量通过水龙头等方式损失，而未能得到有效利用。

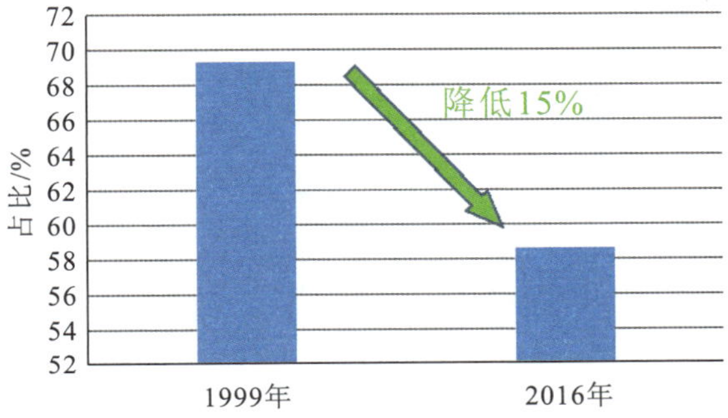

图 4.55　1999 年与 2016 年美国家庭室内用水量对比

相对于 1999 年，由于科技的发展，使得洗衣机和洗碗机等科技用品的用水效率大大提高，人均用水量降低最多的是洗衣机和洗碗机，分别下降了 36% 和 30%；此外，厕所的冲水量也下降了 23%；漏水损失下降了 17%，淋浴和水龙头的用水量变化很小。详细对比数据详见图 4.56。

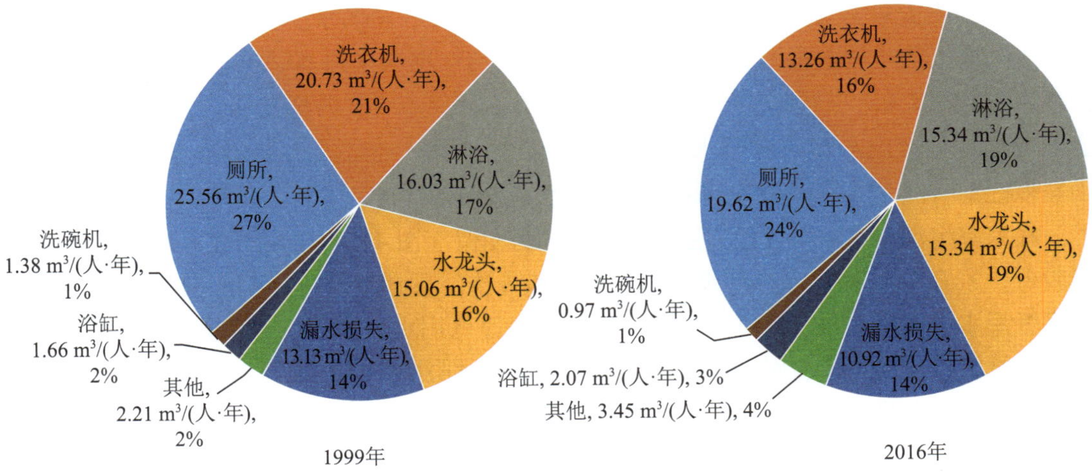

图 4.56　1999 年与 2016 年美国室内人均生活用水对比

数据来源于 Mayer 等 (1999)、Deoreo 等 (2016)

4.4.2.3 法国生活用水变化规律和家庭用水结构

（1）生活用水变化规律

法国生活用水大致可以分为两个阶段：①1970—1990 年，随着城市化率的不断提高、生活水平和用水习惯的改变，生活用水量与人均生活用水量不断增加，在 1985 年城市化率达到 74%时，人均生活用水量先达到顶点，此时人均 GDP 为 16210 美元。随后在 1992 年，生活用水量也达到了顶点，此时人均 GDP 为 19041 美元。②1992 年之后，人均生活用水量和生活用水量呈现降低的趋势（图 4.57）。

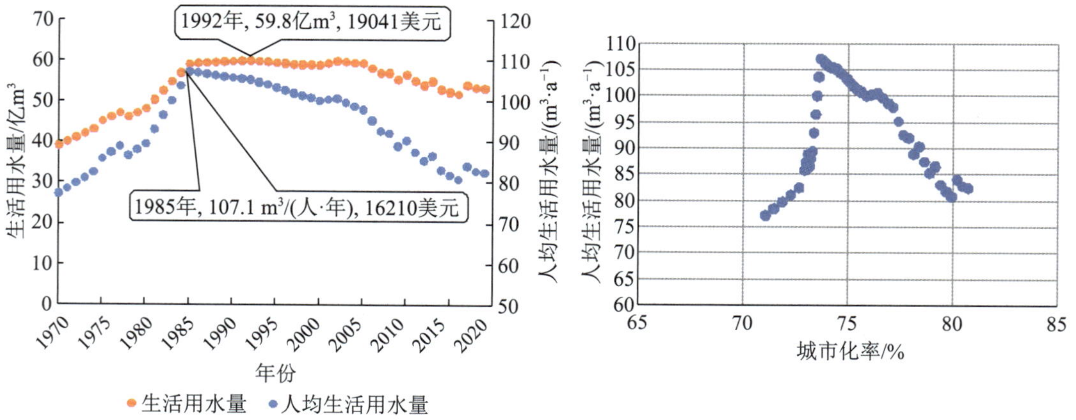

图 4.57 法国生活用水量与城市化率变化规律

（2）家庭用水结构

近年来，由于用水意识和用水习惯的提升、卫生设备和家用电器耗水量降低、工厂和输送网络的改造减少流失等原因，家庭用水量逐渐下降。法国水信息中心数据显示，1975 年法国家庭人均年用水量为 38.69 m^3，2004 年人均年用水量为 60.23 m^3，2007 年人均年用水量为 54.02 m^3。不同气候的地区，是否拥有花园、草坪、游泳池和是否进行旅游活动影响着家庭生活用水需求和用水量。例如，北加莱海峡地区人均年用水量为 39.79 m^3，而普罗旺斯—阿尔卑斯—蔚蓝海岸人均年用水量为 83.22 m^3。

在家庭生活用水结构方面，法国和德国较为相似（图 4.58）。由于在家中做饭频率相对较低，家庭用水中超过 90%的水用于卫生和清洁，只有少部分用于烹饪和饮用。法国的烹饪用水和饮用水分别占比 6%和 1%，德国的烹饪用水和饮用水则分别占比 6%和 4%。法国和德国的卫生和清洁用水中均以洗浴用水、厕所用水和洗衣服用水较高，两国 3 项用水占比分别为 71%和 75%。

4.4.2.4 日本生活用水变化规律和家庭用水结构

（1）生活用水变化规律

日本生活用水可以分为两个阶段（图 4.59）：①1970—2000 年，日本处于高速发展

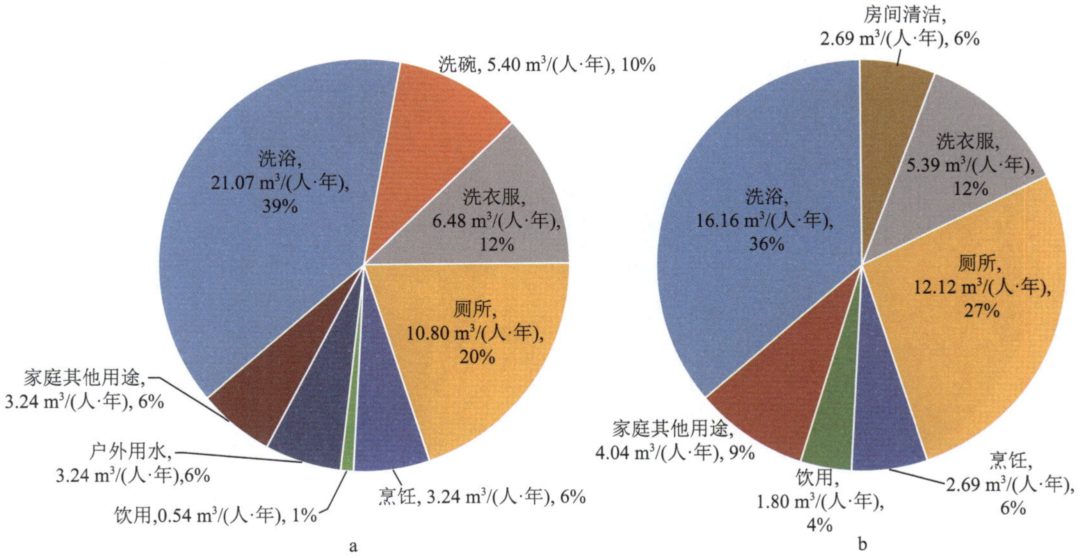

图 4.58　法国和德国家庭生活用水对比

a—2007 年法国家庭生活用水结构，数据来源于法国水信息中心（CIEAU）；
b—2018 年德国家庭生活用水结构，数据来源于联邦环境局和联邦统计局

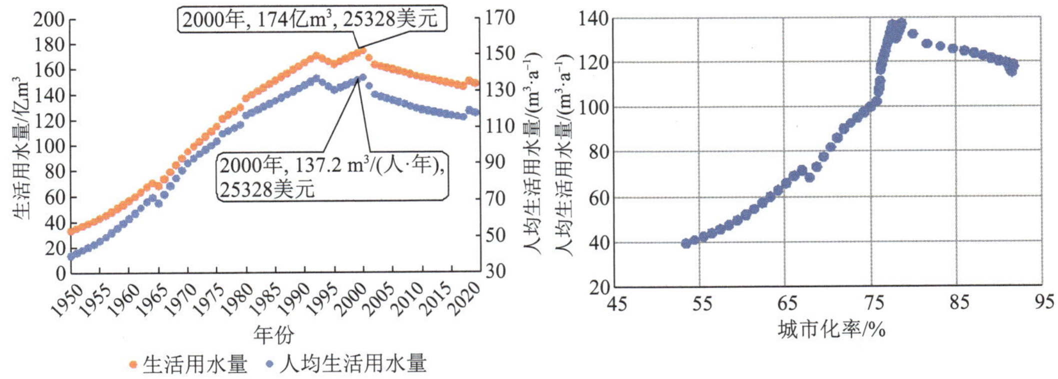

图 4.59　日本生活用水量与城市化率变化规律

期，经济和生活水平快速提高，城市化率快速提升，导致了生活方式的改变，如抽水马桶的普及，人均生活用水量和生活用水量快速提升，在 2000 年同时达到顶点。这一年城市化率达到了 79%，人均 GDP 为 25328 美元。②2000 年之后，人均生活用水量和生活用水量开始呈现缓慢下降的趋势。

（2）家庭用水结构变化

2002 年，家庭人均年用水量为 121. 18 m³。与 1974 年相比，家庭用水量增加了 63%，人均用水量增加了 30%。在家庭用水占比方面，2002 年家庭用水中 17%的水用于洗衣服，23%的水用于烹饪，28%的水用于厕所，24%的水用于洗浴。2002—2015 年，洗浴用水占比增加 15%，厕所用水占比下降 6%，烹饪用水占比减少 5%，洗衣用水、洗碗和其他用水占比变化不大，均降低了 2%。洗浴用水量比例最高的原因是日本人有在浴缸里用热水

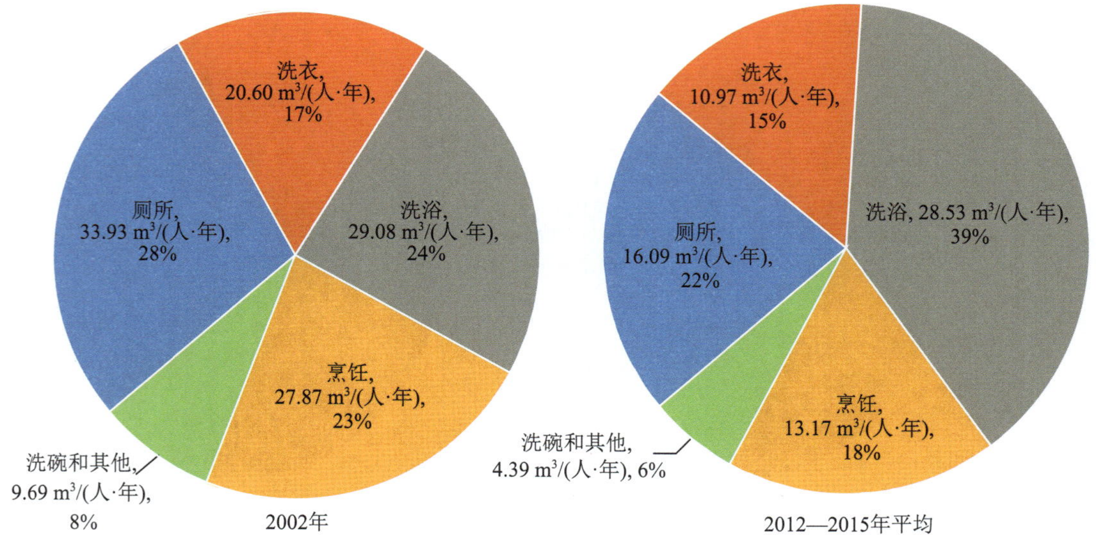

图 4.60　日本历史家庭用水结构对比

数据来源：The International Water Association，IWA；Bureau of Waterworks Tokyo Metropolitan Government

洗澡的习惯（图 4.60）。

4.4.2.5　典型国家生活用水规律总结

城市化率与人均生活用水量之间呈现一种不对称的倒“V”形结构，城市化率达到 80%之前，呈现指数上升趋势，而达到 80%之后，呈现线性下降。另外，大多数国家人均生活用水的零增长点位于城市化率 80%左右。

为了深入分析家庭生活用水的结构和演变趋势，本研究分别在北美地区挑选了美国，在欧洲地区挑选了法国和德国，在亚洲地区挑选了日本作为典型国家对比样本。通过对比发现：①美国的家庭用水结构中存在有大量的户外用水，主要用于花园灌溉、泳池维护和洗车，各州户外用水在家庭用水中占比为 20%～60%不等；②欧洲国家在家做饭频率较低，因此烹饪用水比例较低，占比基本不超过 10%，而日本的烹饪用水占比可达到 20%左右；③从 2000 年开始，由于洗衣机、洗碗机以及节水马桶的使用，各国的洗衣、烹饪、厕所 3 个部分的用水量降低。

4.4.3　我国生活用水分析和需求预测

（1）我国生活用水概况

我国生活用水量及其在总用水量中的比例自 1950 年来的变化规律具有高度的一致性，如图 4.61 所示，都大致经历了 3 个增长阶段：①1950—1970 年的缓慢上升期；②1970—2000 年的高速增长期；③2000 年之后增长速率有所下降的时期。2019 年生活用水量及其在总用水量中的比例分别为 871.7 亿 m³、14.5%。

对于我国来说，我国人均年生活用水量目前只有 62.3 m³，城市化率只有 60.6%，因此，我国与世界发达国家的生活用水还有很大的差距，我国在生活用水的提升方面还有很

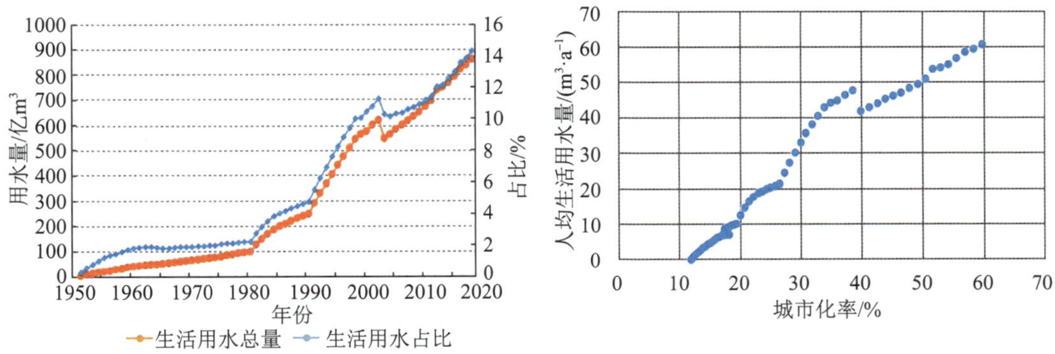

图 4.61　中国生活用水量与城市化率变化规律

大的发展空间。

(2) 我国家庭生活用水结构

现在国内没有对家庭生活结构的系统调查，本研究分别选取了北京市、陕西省杨凌区和渭河地区农村分别作为城市、乡镇和农村家庭生活用水结构的代表（图 4.62）。

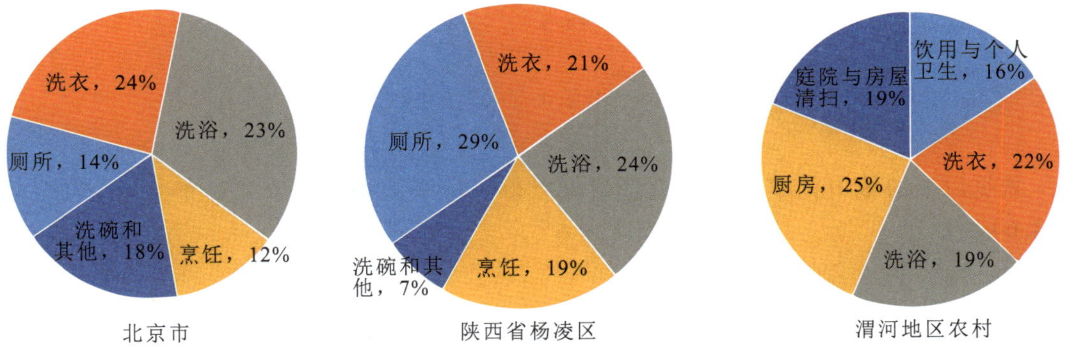

图 4.62　中国城市和农村家庭生活用水对比

数据来源：潘文祥，2017；樊良新，2014

北京冲厕用水量占居民用水总量的 14%、厨房用水占 12%、洗澡和洗漱用水占 32%、洗衣用水占 24%、清洁用水占 18%，厨房用水量偏少，原因可能是北京城市生活节奏快、在家做饭的频率低；陕西省杨凌区冲厕用水量偏多，占家庭总用水量的 29%，清洁用水量最少，仅占 7%，洗浴用水占 24%，洗衣用水占 21%，厨房用水占 19%，原因是使用的是高耗水型冲厕马桶。在渭河农村地区，家庭生活用水主要用于厨房、洗衣、洗浴和个人卫生，占比分别为 25%、22%、19%、16%，另外还有 19% 的生活用水用于庭院和房屋清扫。

(3) 我国生活用水需求预测

A. 典型国家类比回归分析

根据数据拟合可以得出城市化率（C）与人均生活用水量（$Water_{urban}$）的回归方程：

$$Water_{urban}=41.287\ln C-108.03$$

我国目前城市化率相对较低，根据联合国经济与社会理事会的统计和预测，从1950年开始，我国的城市化率一直持续增加，预计到2050年，我国的城市化率将达到80%（图4.63）。

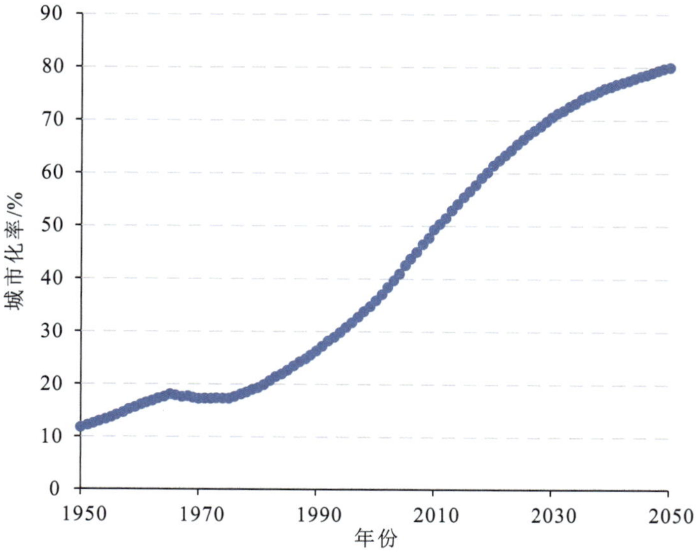

图4.63　我国城市化率变化趋势

根据以上的城市化率和回归方程，可以得出未来人均生活需水量的变化趋势，如图4.64所示。

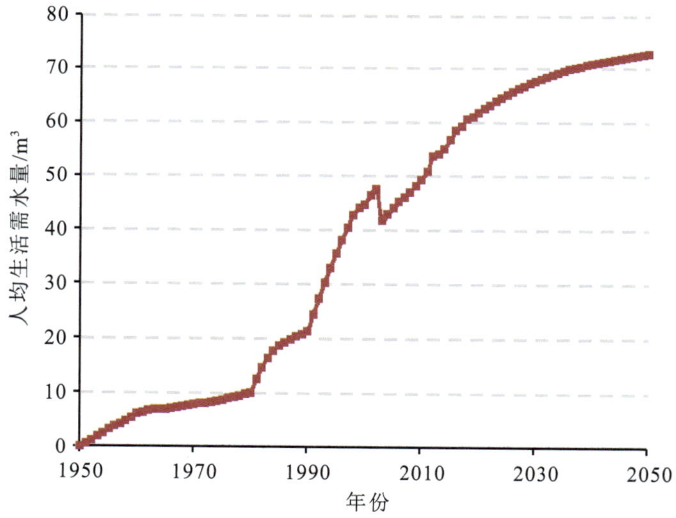

图4.64　我国人均需水量变化趋势

此外，根据联合国经济与社会理事会对我国未来人口的预测，我国的人口总量在

2030 年左右将达到峰值，随后会持续降低，到 2050 年，我国的人口将在 13.7 亿人左右（图 4.65）。

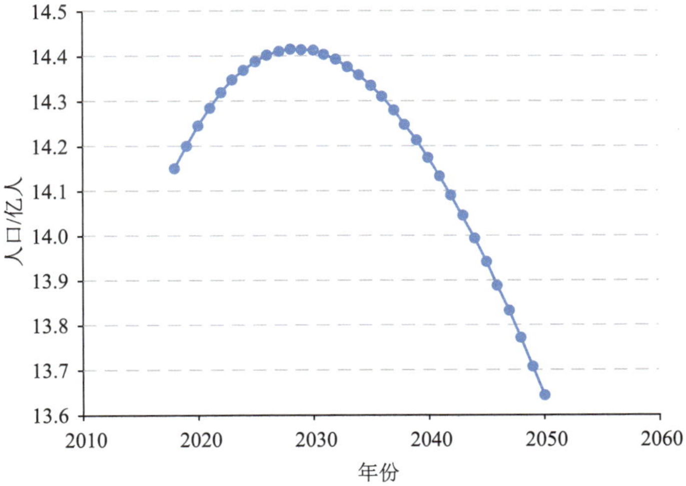

图 4.65　我国人口变化趋势

结合我国未来人均需水量和人口的预测结果预测我国未来生活需水量。生活需水量与城市化率存在明显的指数增长关系，随着城市化率的提升，生活需水将进入缓慢上升期。到 2025 年，我国的生活需水量将达到 911 亿 m^3，2030 年达到 955 亿 m^3，2050 年达到 1014 亿 m^3（图 4.66）。

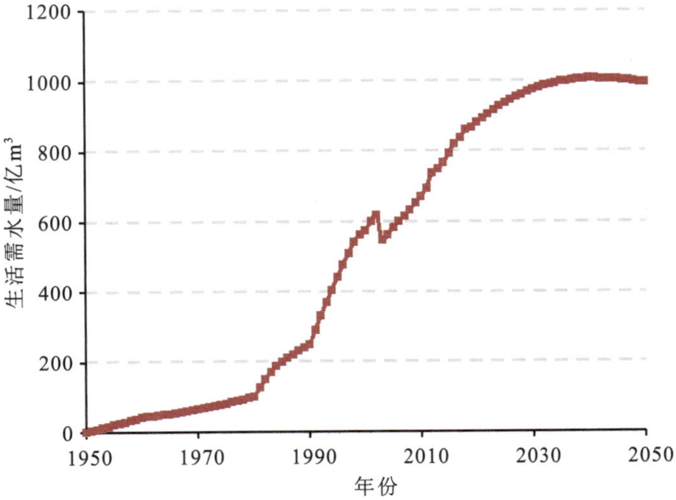

图 4.66　我国生活需水量变化趋势

B. 典型国家类比定额法

根据对典型国家家庭用水结构的分析，本研究排除了欧洲和北美的典型国家，确定中国家庭生活用水结构与日本较为相似。以日本为目标对象，采用最小二乘积的拟合方法，首先预测了到2050年我国人均生活需水量的变化情况，然后结合联合国经济与社会理事会对我国未来人口的预测数据，得出了生活需水量变化情况（图4.67）。

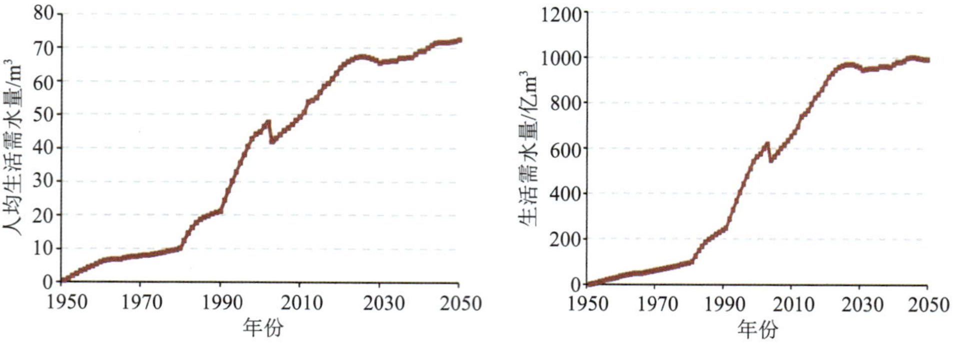

图4.67　典型国家类比定额法预测的我国人均生活需水量、生活需水量

根据预测数据显示，2030年人均生活需水量为65.69 m^3，生活需水量为954.22亿 m^3；2040年人均生活需水量为69.12 m^3，生活需水量为979.71亿 m^3；2050年人均生活需水量为72.64 m^3，生活需水量为991.13亿 m^3。

C. 我国生活需水预测结果

上述两种方法得到的我国生活需水预测值相近，考虑到典型国家类比回归法参考样本更多，更具有普适性，因此将典型国家类比回归法得到的生活需水量作为最终预测结果，即2025年，我国的生活需水量将达到911亿 m^3，2030年达到955亿 m^3，2050年达到1014亿 m^3。

4.5　生态需水预测

4.5.1　生态需水预测方法

4.5.1.1　生态需水预测方法综述

生态需水量包括城乡环境需水量和河湖补水量。目前，城乡环境需水量计算方法大多为“面积定额法”或“植株定额法”。湖泊、湿地生态系统补水量的预测方法有水量平衡法、最小水位法和换水周期法等（贾振亚，2017）。河流生态环境需水量的预测方法较多，主要可分为3类：一是传统的流量计算方法（标准流量法）；二是基于水力学基础的水力学法；三是基于生物学基础的栖息地法（陈崇德等，2009；董李勤等，2015）。

4.5.1.2　本书中采用的生态需水预测方法

本书生态需水预测中城乡环境需水量采用面积定额法，河湖补水量则根据相关规划确定。

4.5.2 我国生态需水预测

4.5.2.1 城乡环境需水量预测

城乡环境需水量主要包括城市道路喷洒需水量和绿地灌溉需水量。2003—2019 年，我国人均城市道路面积持续上升，由 2003 年的 9.34 m^2 上升至 2019 年的 17.36 m^2，年均增长率为 4%。2003—2019 年，我国人均公共绿地面积同样持续上升，由 2003 年的 4.19 m^2 上升至 2019 年的 8.92 m^2，年均增长率为 5%。根据人均城市道路面积和人均公共绿地面积历史演变规律，并参考中国《宜居城市科学评价标准》中公共绿地面积为 10 m^2/人的标准，以及考虑 2035 年美丽中国建设完成之后发展速度趋缓，推测未来 30 年人均城市道路面积和人均公共绿地面积。此外，结合城市道路喷洒用水定额和绿地灌溉定额预测我国未来 30 年城乡环境需水量。本书中城市道路喷洒用水定额和绿地灌溉定额根据《雨水控制与利用工程设计规范》(DB 11/685—2013) 均取 2.0 L/(m^2·d)，一年按 180 天计算。

经预测，2025 年、2035 年和 2050 年我国人均城市道路面积分别为 19.84 m^2、24.26 m^2 和 26.01 m^2，2019—2035 年年均增长率为 2%，2035—2050 年年均增长率为 0.5%（图 4.68）；2025 年、2035 年和 2050 年我国人均公共绿地面积分别为 10.58 m^2、13.48 m^2 和 14.78 m^2，2019—2035 年年均增长率为 3%，2035—2050 年年均增长率为 1%（图 4.69）；结合我国未来人口和城市化率的预测成果，2025 年、2035 年和 2050 年我国城乡环境需水量分别为 103.68 亿 m^3、140.56 亿 m^3 和 154.26 亿 m^3。

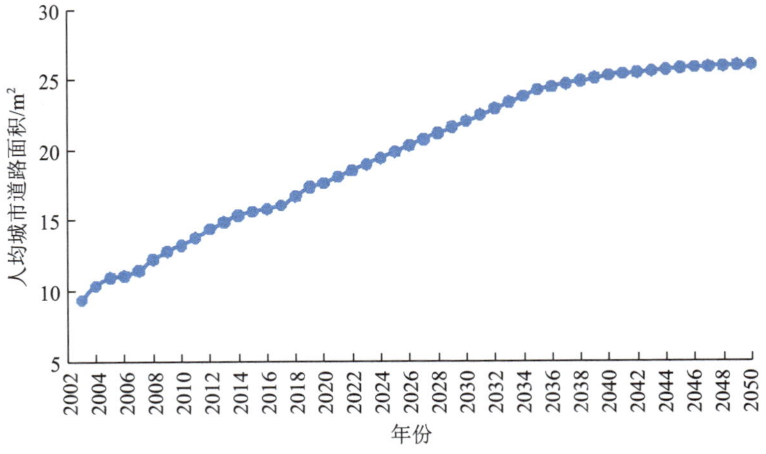

图 4.68 我国人均城市道路面积历史数据和预测

4.5.2.2 河湖补水量预测

2021 年，水利部印发了《关于复苏河湖生态环境的指导意见》，要求到 2025 年，海河、辽河、西北内陆河被挤占的河湖生态用水得到一定退还，正常来水情况下年压减地下水超采量力争达到 55.5 亿 m^3。《全国水资源综合规划（2010—2030 年）》指出在 2008 年

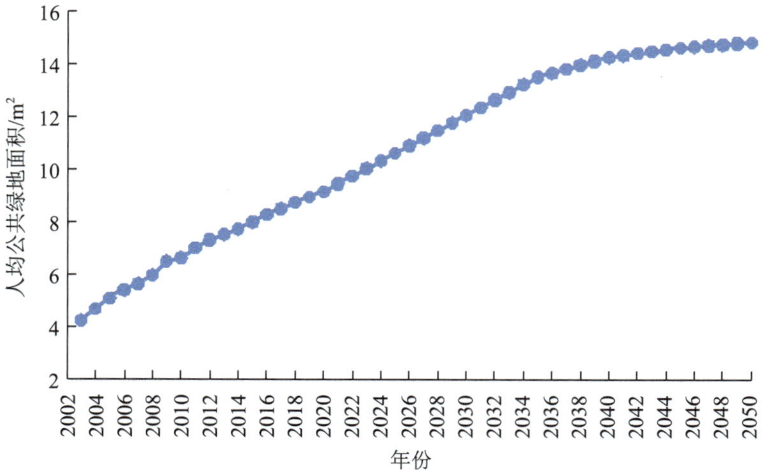

图 4.69　我国人均公共绿地面积历史数据和预测

水资源开发利用水平情况下，平水年全国挤占河道内生态环境用水量 130 亿 m^3，其中辽河流域、海河区和西北内陆河区分别挤占 10 亿 m^3、18 亿 m^3 和 48 亿 m^3。全国 75%枯水年情景下挤占河道内生态环境用水 221 亿 m^3，其中辽河流域、海河区和西北内陆河区分别挤占 21 亿 m^3、43 亿 m^3 和 69 亿 m^3。地下水超采量（2004—2008 年平均的不合理开采地下水量）为 215 亿 m^3/年。并提出到 2020 年，重点地区水资源过度开发地区以及生态环境脆弱地区的水生态环境状况得到显著改善，现状挤占的生态环境用水 60%以上得到退减；到 2030 年，现状挤占的生态环境用水基本得到退减，河湖湿地生态环境用水基本得到保障。《中华人民共和国国民经济和社会发展第十四个五年规划》中指出到 2035 年，生态环境根本好转，美丽中国目标基本实现。鉴于此，以 2008 年的河湖补水量为基准，设定到 2025 年退还辽河流域、海河区和西北内陆河区被挤占的河道内生态环境用水量，压减地下水超采量 55.5 亿 m^3；到 2030 年退还全部挤占的河道内生态环境用水量；到 2035 年压减地下水超采量 215 亿 m^3，全国地下水超采区实现采补平衡。

经预测，平水年情景下我国 2025 年、2030 年、2035 年和 2050 年河湖补水量分别为 212.05 亿 m^3、345.80 亿 m^3、425.55 亿 m^3 和 425.55 亿 m^3（表 4.9）。75%枯水年情景下，我国 2025 年、2030 年、2035 年和 2050 年河湖补水量分别为 269.05 亿 m^3、436.80 亿 m^3、516.55 亿 m^3 和 516.55 亿 m^3（表 4.10）。

表 4.9　平水年我国河湖补水量预测值和关键指标

年份	需水量/亿 m^3	关键指标
2025	212.05	退还海河区、辽河流域、西北内陆河区被挤占的河道内生态环境用水量 76 亿 m^3，压减地下水超采量 55.5 亿 m^3
2030	345.80	退还挤占的河道内生态环境用水量 130 亿 m^3，压减地下水超采量 135 亿 m^3
2035	425.55	保证退还的河道内生态环境用水量 130 亿 m^3，压减地下水超采量 215 亿 m^3
2050	425.55	保证退还的河道内生态环境用水量 130 亿 m^3，保证采补平衡量 215 亿 m^3

表 4.10　75%枯水年我国河湖补水量预测值和关键指标

年份	需水量/亿 m^3	关键指标
2025	269.05	退还海河区、辽河流域、西北内陆河区被挤占的河道内生态环境用水量 133 亿 m^3，压减地下水超采量 55.5 亿 m^3
2030	436.80	退还挤占的河道内生态环境用水量 221 亿 m^3，压减地下水超采量 135 亿 m^3
2035	516.55	保证退还的河道内生态环境用水量 221 亿 m^3，压减地下水超采量 215 亿 m^3
2050	516.55	保证退还的河道内生态环境用水量 221 亿 m^3，保证采补平衡量 215 亿 m^3

4.5.2.3　我国生态需水预测结果

综合城乡环境需水量和河湖补水量，平水年情景下，2025 年、2035 年和 2050 年我国生态需水量分别为 315.74 亿 m^3、566.11 亿 m^3 和 579.82 亿 m^3（图 4.70）。

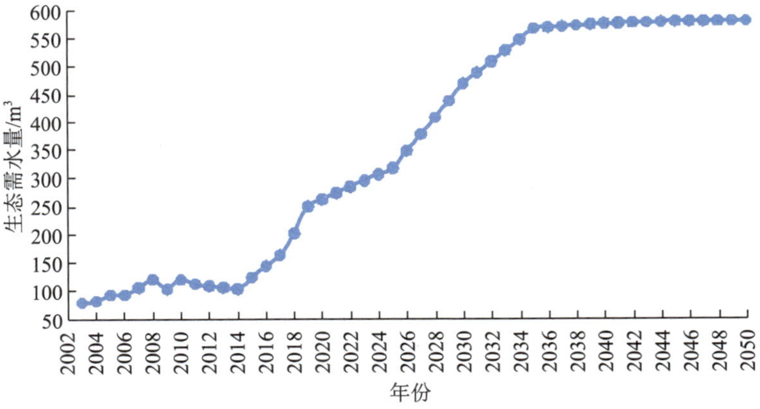

图 4.70　平水年我国生态需水量预测

经预测，平水年情景下，未来 30 年我国生态需水量持续增长，前期增速较大，后期则较为平缓。具体可分为 3 个阶段：①快速增长期（2019—2025 年），从 2019 年的 249.6 亿 m^3 快速增加到 2025 年的 315.74 亿 m^3，年均增长率为 2%；②加速增长期（2025—2035 年），从 2025 年的 315.74 亿 m^3 加速增加到 2035 年的 566.11 亿 m^3，年均增长率为 6%；③缓慢增长期（2035—2050 年），从 2035 年的 566.11 亿 m^3 缓慢增加到 2050 年的 579.82 亿 m^3，年均增长率仅为 0.2%。

经预测，75%枯水年情景下，2025 年、2035 年和 2050 年我国生态需水量分别为 372.74 亿 m^3、657.11 亿 m^3 和 670.82 亿 m^3。

4.6　未来 30 年中国需水量预测

中华人民共和国成立以来，我国总用水量持续增长。1949 年我国总用水量 1031 亿 m^3；1959 年达 2048 亿 m^3，翻了一番；1980 年增长至 4437 亿 m^3，又翻了一番；2011

年后，每年的总用水量维持在6000亿 m^3 以上，2019年为6021亿 m^3。

根据本次预测，未来30年，平水年情景下，我国需水总量在5900亿 m^3 上下（100亿 m^3）浮动，从2019年的6021亿 m^3 下降至2025年的5826亿 m^3，然后上升至2035年的5985亿 m^3，2035年后持续下降至2050年的5930亿 m^3（表4.11）。用水结构中，“一农独大”的特点仍没有改变，农业需水量从2019年的61.2%下降至2030年的59.4%，然后持续上升至2050年的62.8%；工业需水量占比持续降低，由2019年的20.2%下降至2050年的10.4%；生活需水量占比逐年增加，由2019年的14.5%增加至2050年的17.1%，2030年之后，生活需水量逐渐超过工业需水量，成为我国第二大需水部门；生态需水量占比增速较快，由2019年的4.1%快速增加到2050年的9.8%，接近2050年的工业需水量占比（图4.71）。

表4.11　中国水资源需求预测结果（平水年）　　单位：亿 m^3

年份	2019	2025	2030	2035	2040	2045	2050
农业需水	3682	3500	3483	3585	3621	3674	3722
工业需水	1218	1100	957	854	763	684	614
生活需水	872	911	955	979	1004	1009	1014
生态需水	250	316	468	566	575	579	580
总量	6021	5826	5863	5985	5963	5947	5930

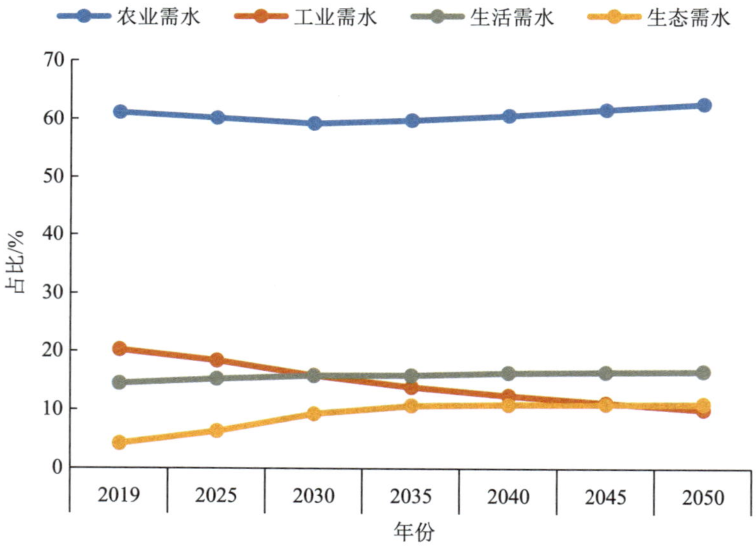

图4.71　平水年中国需水结构预测

未来30年，75%枯水年情景下，我国需水总量在6100亿 m^3 上下（100亿 m^3）浮动，从2019年的6021亿 m^3 下降至2025年的5979亿 m^3，然后上升至2035年的6177亿 m^3，2035年后持续下降至2050年的6129亿 m^3（表4.12）。75%枯水年情景下，我国需水总量在2035年左右达到峰值，届时需水总量为6177亿 m^3。用水结构中，农业需水量从2019

年的61.2%下降至2030年的59.2%，然后持续上升至2050年的62.5%；工业需水量占比持续降低，由2019年的20.2%下降至2050年的10.0%；生活需水量占比逐年增加，由2019年的14.5%增加至2050年的16.6%，2030年之后，生活需水量逐渐超过工业需水量，成为我国第二大需水部门；生态需水量占比增速较快，由2019年的4.1%快速增加到2050年的10.9%，2045年之后，生态需水量超过工业需水量成为我国第三大需水部门（图4.72）。

表4.12 中国水资源需求预测结果（75%枯水年） 单位：亿 m^3

年份	2019	2025	2030	2035	2040	2045	2050
农业需水	3682	3596	3580	3686	3724	3780	3830
工业需水	1218	1100	957	854	763	684	614
生活需水	872	911	955	979	1004	1009	1014
生态需水	250	373	559	657	666	670	671
总量	6021	5979	6051	6177	6157	6143	6129

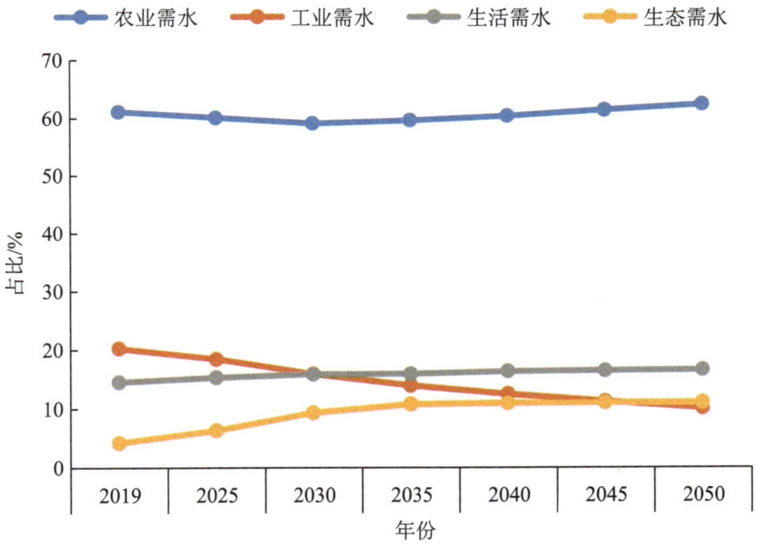

图4.72 75%枯水年中国需水结构预测

第5章 中国水资源管理对策建议

5.1 中国水资源管理中存在的问题

5.1.1 中国水资源管理体制

我国于2002年修订的《中华人民共和国水法》规定了我国现行的水资源管理体制为流域管理和行政区域管理相结合的管理体制（图5.1）。国务院水行政主管部门负责全国水资源的统一管理和监督工作。国务院水行政主管部门在国家确定重要江河、湖泊设立的流域管理机构，在所管辖的范围内行使法律、行政法规规定的和国务院水行政主管部门授予的水资源管理和监督职责。县级以上地方人民政府水行政主管部门按照规定的权限，负责本行政区域内水资源的统一管理和监督工作。现阶段，水利部是我国水行政主管部门，集中了大部分水资源管理的权限。

国务院是最高国家行政机关，统一领导国务院各部门和地方各级人民政府的工作，根据宪法和法律制定水资源行政法规，编制和执行包括水资源保护内容的国民经济和社会发展计划及国家预算。

水利部负责贯彻落实党中央关于水利工作的方针政策和决策部署，下设机关司局和直属单位。其中，与水资源管理相关的机关司局主要包括规划计划司、水资源管理司、水利工程建设司、调水管理司等；直属单位下设流域管理机构（长江水利委员会、黄河水利委员会、海河水利委员会、淮河水利委员会、珠江水利委员会、松辽水利委员会、太湖流域管理局）、在京单位和京外单位。水利部主要职责是：负责保障水资源的合理开发利用；负责生活、生产经营和生态环境用水的统筹和保障；按规定制定水利工程建设有关制度并组织实施；指导水资源保护、节约用水、水文、水土保持、农村水利等工作；指导水利设施、水域及其岸线的管理、保护与综合利用；指导和监督水利工程建设与运行管理等（http：//www.mwr.gov.cn/jg/）。

自然资源部下设自然资源调查监测司、自然资源开发利用司、地质勘查管理司等与水资源管理相关的机构。主要负责水资源调查、监测评价、确权登记管理，负责水资源市场监督管理和动态监测，建立水资源价格体系，开展水资源专项调查评价并负责成果的汇交、管理以及监督管理地下水过量开采等工作（https：//www.mnr.gov.cn/jg/）。

生态环境部水生态环境司主要职责：负责全国地表水生态环境监管工作；拟订和组织实施水生态环境政策、规划、法律、行政法规、部门规章、标准及规范；拟订和监督实施国家重点流域、饮用水水源地生态环境规划和水功能区划；建立和组织实施跨省（国）界水体断面水质考核制度；统筹协调长江经济带治理修复等重点流域生态环境保护工作；

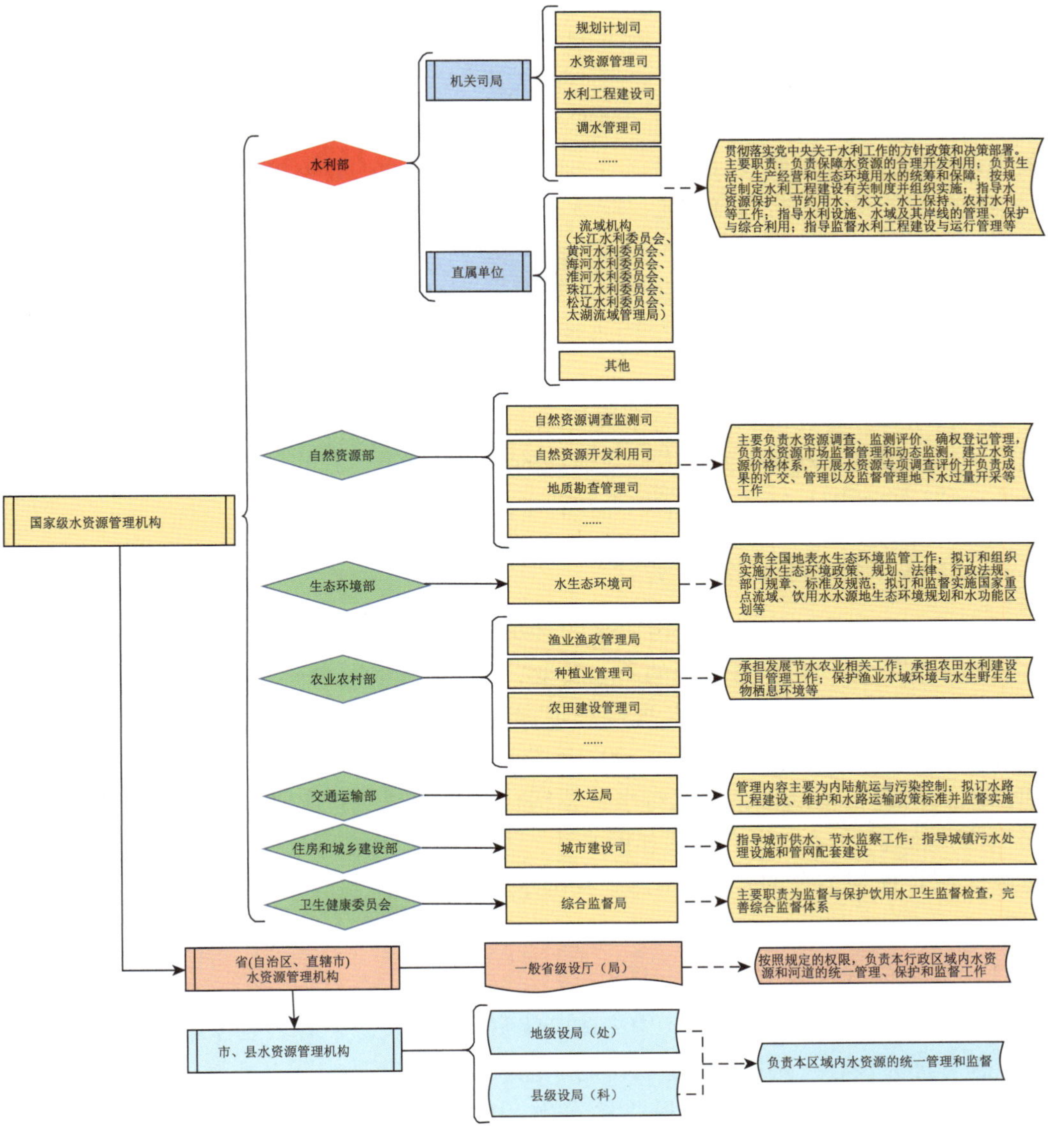

图 5.1　我国水资源管理机构

监督管理饮用水水源地、国家重大工程水生态环境保护和水污染源排放管控工作，指导入河排污口设置；参与指导农业面源水污染防治；承担河湖长制相关工作（https：//www. mee. gov. cn/zjhb/bjg/shj/）。

农业农村部下设种植业管理司、农田建设管理司、渔业渔政管理局等与水资源管理相关的机构。主要负责承担发展节水农业相关工作（http://www. zzys. moa. gov. cn/jgzn/jgzz/201904/t20190412＿6178826. htm）；承担农田水利建设项目管理工作（http://www. ntjss. moa. gov. cn/sjjs/jgzz/201904/t20190412_6178834. htm）；组织渔业水域生态环境及水生野生动植物保护工作（http：//www. yyj. moa. gov. cn/jgzn/jgzz/201904/t20190412_6178828. htm）。

交通运输部水运局管理内容主要为:内陆航运与污染控制;拟订水路工程建设、维护和水路运输政策标准并监督实施(https://zizhan. mot. gov. cn/sj2019/shuiyunj/201809/t20180920_3090972. html)。

住房和城乡建设部城市建设司主要职责：指导城市供水、节水监察工作；指导城镇污水处理设施和管网配套建设（https://www. mohurd. gov. cn/jigou/bjgsz/zyzz/index. html)。

卫生健康委员会综合监督局主要职责：监督与保护饮用水卫生监督检查，完善综合监督体系（http：//www. nhc. gov. cn/zhjcj/pzyzz/lists. shtml)。

在地方一级，流域管理机构和省（自治区、直辖市）人民政府水行政主管部门（一般省级设厅（局））共同管理辖区内水资源，地方其他行政管理部门同样在各自的职责范围内协助管理。

市、县水资源管理组织机构与中央类似。一般地级设局（处）、县级设局（科），县级以下的区乡级设水利管理站或专职或兼职的水利管理员，有的是县级水利行政机构派出的事业单位，有的则是区乡政府的事业单位。

5.1.2 我国水资源管理体制变迁

我国水资源管理体制经历了由原来的多头管理，权、责、利不明确逐渐向水资源的统一管理，权、责、利相对明确的阶段转变，“九龙治水”的不合理体制已得到很大改善。1988 年《中华人民共和国水法》规定：国家对水资源实行统一管理与分级、分部门管理相结合的水行政管理制度，2002 年新《中华人民共和国水法》对原《中华人民共和国水法》进行了修订，国家对水资源实行流域管理与行政管理相结合的管理体制，2016 年最新修正的《中华人民共和国水法》仍然强调了“国家对水资源实行流域管理与行政区域管理相结合的管理体制”。我国水资源管理体制的变迁大致经历了以下几个阶段：

（1）分散管理阶段（1949—1977 年）

在中华人民共和国成立初期，中央政府就明确了水资源公有，但各部委分管的职能设置以工程管理为核心，缺失水资源管理的职能。水资源管理实际上从属于水利工程管理。我国涉水事务的管理在这段时期里非常分散。中华人民共和国成立初期，中央设立水利部，主管以防洪和跨流域调水为主的水利建设，而农田水利、水力发电、城市供水和内河航运分别由农业部、燃料工业部、建设部和交通部负责管理（胡四一和王浩，2016)。1952 年，农田水利划归水利部管理；1955 年，撤销燃料工业部，设立煤炭工业部、电力工业部和石油工业部；水利部与电力工业部在 1958 年合并为水利电力部，原由水利部主管的农田水利（含水土保持）工作划归农业部统一管理（http://www. hw-xf. com/news_show. rt? contentId = 5567&channlId = 22；https://bbs. qzzn. com/thread - 16462592 - 1 - 1. html)。1965 年，国务院批准了《农业部、水利电力部关于将农田水利业务和水土保持的日常工作由农业部移交水电部管理的联合报告》和两部有关交接事项的协议，将农田水利业务和水土保持工作移交水利电力部管理。

（2）正式管理体制起步阶段（1978—1987 年）

随着用水逐年增加，用水矛盾逐渐凸现。由于水资源管理的复杂性，开始提出综合管理的要求。1979 年，国家撤销水利电力部，分设水利部和电力工业部。在 1982 年又合并为水利电力部。1984 年，国务院决定水利电力部为全国水资源综合管理部门，管理全国所有的水资源产权，负责归口管理全国水资源的统一规划、立法、科研和水资源的调配等工作，并负责协调各用水部门的矛盾、处理水事纠纷等（贺骥等，2005）。但涉水事务的管理职能仍然分散在水利电力部、地质矿产部、城乡建设与环境保护部等多个部门（贾绍凤和张杰，2011）。

（3）统一管理和分级、分部门管理相结合的管理体制（1988—2001 年）

1988 年，全国人大常委会通过的《中华人民共和国水法》，明确指出国家对水资源实行统一管理与分级、分部门管理相结合的制度，指定由国务院水行政主管部门负责全国水资源的统一管理工作。国务院其他有关部门按照国务院规定的职责分工，协同国务院水行政主管部门，负责有关的水资源管理工作。随着《中华人民共和国水法》的颁布，对水管理体制和基本制度做了进一步的确立和规定。在水资源管理体制方面，撤销了水利电力部，重新组建的水利部为国务院的水行政主管部门，负责全国水资源的统一管理，各省（自治区、直辖市）的水利部门是省级政府的水行政主管部门；成立了全国水资源与水土保持工作领导小组，负责审核大江大河流域综合规划和水土保持的重要方针政策及防治的重大问题；明确流域机构职能；制定各级水行政部门实施水资源统一管理目标等。

1994 年，国务院再次明确水利部是国务院主管水行政的职能部门，统一管理全国水资源和河道、水库、湖泊，主管全国防汛抗旱和水土保持工作，同时撤销了全国水资源与水土保持工作领导小组。同时明确要逐步建立起水利部、流域机构和地方水行政主管部门分层次、分级管理的水行政管理体制（胡四一和王浩，2016）。

1998 年，国务院批准撤销地质矿产部，相应的地下水行政管理职能和建设部的城市防洪、城市地下水管理职能统一划归为水利部，国家防汛抗旱总指挥部办公室也设在了水利部，至此大致形成了由水利部统一管理水资源的体制。

（4）流域管理与行政区域管理相结合的管理体制（2002 年至今）

2002 年修订的《中华人民共和国水法》明确国家对水资源实行流域管理与行政区域管理相结合的管理体制。从根本上确立了流域管理机构在水资源统一管理中的法律地位。国务院水行政主管部门负责全国水资源的统一管理和监督工作，并且明确了各大流域机构作为水利部派出机构综合管理流域水资源的职能。国务院水行政主管部门在国家确定的重要江河、湖泊设立的流域管理机构，在所管辖的范围内行使法律、行政法规规定的和国务院水行政主管部门授予的水资源管理和监督职责。

2008 年政府职能改革，调整对城市水管理规定，明确水利部将不再负责城市涉水事务的具体管理，由城市政府自行确定供水、节水、排水、污水处理的管理体制。

2016 年，《中华人民共和国水法》被修正，仍然大力强调“国家对水资源实行流域管理与行政区管理相结合的管理体制。”

2018 年 3 月，组建自然资源部。为统一行使全民所有自然资源资产所有者职责，统一行使所有国土空间用途管制和生态保护修复职责，实现山水林田湖草整体保护、系统修复、综合治理，将水利部的水资源调查和确权登记管理职责整合，对自然资源开发利用和保护进行监管。

5.1.3 我国水资源管理制度和法律

5.1.3.1 主要的水资源管理制度

2011 年中央一号文件《中共中央国务院关于加快水利改革发展的决定》明确要求实行最严格水资源管理制度，把最严格的水资源管理作为加快转变经济发展方式的战略举措。围绕最严格水资源管理制度的“三条红线，四项制度”的内容，我国实行的主要的水资源行政管理制度如表 5.1 所示。

表 5.1 我国实行的主要的水资源行政管理制度

类型	次类	制度名称
水资源开发利用控制制度	水资源规划制度	《水工程建设规划同意书制度管理办法（试行）》(2007 年发布，2015 年修正，2017 年修正)
		《水利规划管理办法（试行）》(2010 年发布，2017 年修正)
		《水利部办公厅关于进一步加强水利规划管理工作的意见》(办规计〔2019〕97 号)
	用水总量控制制度	《水量分配暂行办法》(水利部令〔2007〕第 32 号)
		《全国水资源综合规划（2010—2030 年）》(国函〔2010〕118 号)
		《关于做好水量分配工作的通知》(水资源〔2011〕368 号)
		《国务院关于实行最严格水资源管理制度的意见》(国发〔2012〕第 3 号)
		《水利部关于加强水资源用途管制的指导意见》(水资源〔2016〕234 号)
		《水权制度建设框架》(2005 年)
		《水利部关于水权转让的若干意见》(水政法〔2005〕11 号)
		《水利部关于内蒙古宁夏黄河干流水权转换试点工作的指导意见》(水资源〔2004〕159 号)
		《水权交易管理暂行办法》(水政法〔2016〕156 号)
		《水利部 国家发展改革委 财政部关于推进用水权改革的指导意见》(水资管〔2022〕333 号)
	水资源论证制度	《建设项目水资源论证管理办法》(2002 年发布，2015 年修正，2017 年修正)
		《水文水资源调查评价资质和建设项目水资源论证资质管理办法（试行）》(水利部〔2003〕第 17 号)
		《建设项目水资源论证报告书审查工作管理规定（试行）》(水资源〔2003〕311 号)
		《建设项目水资源论证导则》(GB 322—2013)
		《关于开展规划水资源论证试点工作的通知》(水资源〔2010〕483 号)（内含《规划水资源论证技术要求（试行）》)
		《水利部办公厅关于建设项目水资源论证报告书审查审批有关事宜的通知》(办资源〔2015〕266 号)
		《水利部办公厅关于做好取水许可和建设项目水资源论证报告书审批整合工作的通知》(办资源〔2016〕221 号)
		《水利部关于进一步加强水资源论证工作的意见》（水资管〔2020〕225 号)

续表

类型	次类	制度名称
水资源开发利用控制制度	水资源有偿使用和取水许可制度	《取水许可制度实施办法》(国务院〔1993〕第119号)
		《取水许可和水资源费征收管理条例》(国务院〔2006〕第460号)
		《取水许可管理办法》(2008年发布，2015年修正，2017年修正)
		《关于授予黄河水利委员会取水许可管理权限的通知》(水利部水政资〔1994〕197号)
		《关于授予淮河水利委员会取水许可管理权限的通知》(水利部水政资〔1994〕276号)
		《关于授予长江水利委员会取水许可管理权限的通知》(水利部水政资〔1994〕438号)
		《关于授予海河水利委员会取水许可管理权限的通知》(水利部水政资〔1994〕460号)
		《关于授予松辽水利委员会取水许可管理权限的通知》(水利部水政资〔1994〕554号)
		《关于授予珠江水利委员会取水许可管理权限的通知》(水利部水政资〔1994〕555号)
		《关于授予太湖流域管理局取水许可管理权限的通知》(水利部水政资〔1995〕7号)
		《关于国际跨界河流、国际边界河流和跨省（自治区）内陆河流取水许可管理权限的通知》(水利部水政资〔1996〕5号)
		《水资源费征收使用管理办法》(财综〔2008〕79号)
		《关于中央直属和跨省水利工程水资源费征收标准及有关问题的通知》(发改价格〔2009〕1779号)
		《中央分成水资源费使用管理暂行办法》(财农〔2011〕24号)
		《水利部办公厅关于加强农业取水许可管理的通知》(办资源〔2015〕175号)
		《关于水资源费征收标准有关问题的通知》(发改价格〔2013〕29号)
		《水利部　国家发展改革委　财政部关于水资源有偿使用制度改革的意见》(水资源〔2018〕60号)
		《水利部办公厅关于加快推进农村供水工程水费收缴工作的通知》(办农水〔2019〕210号)
		《水利部关于黄河流域水资源超载地区暂停新增取水许可的通知》(水资管〔2020〕280号)
		《水利部办公厅关于做好取用水管理专项整治行动整改提升工作的通知》(办资管〔2021〕189号)
		《水利部办公厅关于组织开展深化农业水价综合改革推进现代化灌区建设试点工作的通知》(2023年)
	水资源调度制度	《黄河水量调度条例》(国务院〔2007〕第472号)
		《黄河水量调度条例实施细则（试行）》(水利部水资源〔2007〕469号)
		《黑河干流水量调度管理办法》(水利部令第38号)
		《三峡水库调度和库区水资源与河道管理办法》(2008年发布，2017年修正)
		《南水北调工程供用水管理条例》(国务院〔2014〕第647号)
		《水利部关于印发〈水资源调度管理办法〉的通知》(水调管〔2021〕314号)
		《水利部关于做好跨省江河流域水量调度管理工作的意见》(水资源〔2018〕144号)

类型	次类	制度名称
用水效率控制制度	节约用水制度	《关于节约用水的通知》(1980 年，国家经济委员会等部门)
		《国务院关于实行最严格水资源管理制度的意见》(国发〔2012〕第 3 号)
		《评价企业合理用水技术通则》(GB 7119—86)、《取水许可技术考核与管理通则》(GB/T 17367—1998)
		国家在 2014—2023 年修订出版了《取水定额》方面多个中国国家推荐性标准，代替 2002—2014 年旧标准（https：//baike. baidu. com/item/%E5%8F%96%E6%B0%B4%E5%AE%9A%E9%A2%9D/7648123）
		《工业企业产品取水定额编制通则》(GB/T 18820—2011)
		《节水型产品技术条件与管理通则》(GB/T 18870—2002)
		《节水型企业评价导则》(GB/T 7119—2006)
		《企业水平衡测试通则》(GB/T 12452—2008)
		《全民节水行动计划》(发改环资〔2016〕2259 号)
		《发展改革委　水利部关于印发〈国家节水行动方案〉的通知》(发改资环规〔2019〕695 号)
		《水利部　国家发展改革委关于加强南水北调东中线工程受水区全面节水的指导意见》(水节约〔2023〕52 号)
		《水利部关于开展规划和建设项目节水评价工作的指导意见》(水节约〔2019〕136 号)
		《水利部关于实施黄河流域深度节水控水行动的意见》(水节约〔2021〕263 号)
		《水利部关于全面加强水资源节约高效利用工作的意见》(水节约〔2023〕139 号)
		《水利部　国家发展改革委关于加强非常规水源配置利用的指导意见》(水节约〔2023〕206 号)
		《水效标识管理办法》(2017 年 9 月 13 日国家发展改革委、水利部、国家质检总局令第 6 号发布)
	节水型社会建设	《关于开展节水型社会建设试点工作指导意见的通知》(水资源〔2002〕558 号)
		《全国“十一五”节水型社会建设规划》(2007 年)
		《节水型社会建设“十二五”规划》(2012 年)
		《水利部关于印发〈推进海绵城市建设水利工作的指导意见〉的通知》(水规计〔2015〕321 号)
		《水利部关于高起点推进雄安新区节约用水工作的指导意见》(水节约〔2021〕369 号)
		《水利部　国家发展改革委关于加强南水北调东中线工程受水区全面节水的指导意见》(水节约〔2023〕52 号)
	计划用水管理制度	《计划用水管理办法》(水资源〔2014〕360 号)
	用水定额管理制度	《关于加强用水定额编制和管理的通知》(水资源〔1999〕519 号)
		《关于抓紧完成用水定额编制工作的通知》(资源管〔2001〕8 号)
		《工业企业产品取水定额编制通则》(GB/T 18820—2002)
		《用水定额编制技术导则》(GB/T 32716—2016)
		《水利部关于严格用水定额管理的通知》(水资源〔2013〕268 号)
		《水利部办公厅关于加强灌溉用水定额管理的指导意见》(办农水〔2014〕205 号)
		《取水许可和水资源费征收管理条例》(国务院〔2006〕第 460 号)

续表

类型	次类	制度名称
水功能区限制纳污制度	水功能区划制度	《水功能区监督管理办法》(2003 年提出《水功能区管理办法》，2017 年修订并更名)
		《太湖流域水功能区划》(国函〔2010〕39 号)
		《水功能区划分标准》(GB/T 50594—2010)
		《地表水资源质量评价技术规程》(SL 395—2007)
		《全国重要江河湖泊水功能区划（2011—2030 年）》(国函〔2011〕167 号)
	排污总量控制制度	《入河排污口监督管理办法》(2004 年发布，2015 年修正)
		《入河排污口管理技术导则》(SL 532—2011)
	饮用水水源区保护制度	《城市供水条例》(国务院〔1994〕158 号)
		《饮用水水源保护区污染防治管理规定》(1989 年发布，2010 年修正)
		《饮用水水源保护区划分技术规范》(HJ/T 338—2007)
		《饮用水水源保护区标志技术要求》(HJ/T 433—2008)
		《全国城市饮用水安全保障规划（2006—2020 年）》(发改地区〔2007〕2798 号)
		《全国城市饮用水卫生安全保障规划(2011—2020 年)》（2011 年）
		《关于印发〈全国重要饮用水水源地名录（2016 年）〉的通知》(水资源函〔2016〕383 号)
		《水利部住房城乡建设部国家卫计委关于进一步加强饮用水水源地保护和管理的意见》(水资源〔2016〕462 号)
		《生态清洁小流域建设技术导则》(SL 534—2013)
水资源管理责任和考核制度		《国家水资源监控能力建设项目实施方案（2012—2014 年）》(水资源〔2012〕411 号)
		《国家水资源监控能力建设项目管理办法》(水资源〔2012〕412 号)
		《水文基础设施“十二五”建设规划》(2008 年)
		《水文监测环境和设施保护办法》(2011 年公布，2015 年修正)
		《水利部贯彻落实〈关于在湖泊实施湖长制的指导意见〉的通知》(水建管〔2018〕23 号)
		《水利部印发〈关于推动河长制从“有名”到“有实”的实施意见〉的通知》(水河湖〔2018〕243 号)
		《水利部关于印发〈省界断面水文监测管理办法（试行）〉的通知》(水文〔2018〕260 号)
		《水利部关于修订印发〈水利工程管理考核办法〉及其考核标准的通知》(水运管〔2019〕53 号)
		《水利部　生态环境部关于加强长江经济带小水电站生态流量监管的通知》(水电〔2019〕241 号)
		《水利部办公厅关于进一步加强和规范非常规水源统计工作的通知》(办节约〔2019〕241 号)
		《水利部关于印发〈水资源管理监督检查办法（试行）〉的通知》(水资管〔2019〕402 号)
		《水利部关于印发〈河湖管理监督检查办法（试行）〉的通知》(水河湖〔2019〕421 号)
		《水利部印发〈关于加强水利团体标准管理工作的意见〉的通知》(水国科〔2020〕16 号)
		《水利部关于做好河湖生态流量确定和保障工作的指导意见》(水资管〔2020〕67 号)
		《农村供水工程水费收缴推进工作问责实施细则》(办农水〔2020〕120 号)
		《水利部关于修订印发〈汛限水位监督管理规定（试行）〉的通知》(水防〔2020〕99 号)
		《水利部关于修订印发〈水工程防洪抗旱调度运用监督检查办法（试行）〉的通知》(水防〔2020〕131 号)

续表

类型	次类	制度名称
水资源管理责任和考核制度		《水利部关于印发〈水行政执法监督检查办法（试行）〉的通知》（水政法〔2020〕165号）
		《水利部关于印发〈水文监测监督检查办法（试行）〉的通知》（水文〔2020〕222号）
		《水利部关于印发〈河长湖长履职规范（试行）〉的通知》（水河湖函〔2021〕72号）
		《水利部关于强化取水口取水监测计量的意见》（水资管〔2021〕188号）
		《水利部关于印发〈水质监测质量和安全管理办法〉的通知》（水文〔2022〕136号）
		《水利部　公安部印发〈关于加强河湖安全保护工作的意见〉的通知》（水政法〔2022〕362号）
		《水利部关于印发〈水利监督规定〉的通知》（水监督〔2022〕418号）
		《水行政处罚实施办法》（2023年3月10日水利部令第55号发布）

5.1.3.2　主要的水资源法律制度

20世纪80年代以后，我国开始了依法治水、管水，开始了水资源立法的尝试。迄今为止，中国水资源法律制度正在建立并逐步形成体系（表5.2）。目前主要的6部法律为《中华人民共和国水法》《中华人民共和国防洪法》《中华人民共和国水土保持法》《中华人民共和国水污染防治法》《中华人民共和国长江保护法》《中华人民共和国黄河保护法》。

表5.2　中国主要水资源法律

名称	时间	内容
《中华人民共和国水污染防治法》	1984年发布，1996修正，2008年修订，2017年修正	规定了全国范围内江河、湖泊、运河、渠道、水库等地表水体以及地下水体污染防治的标准规划和监督管理
《中华人民共和国水法》	1988年发布，2002年修订，2009年修正，2016年修正	规定了全国范围内的开发、利用、节约、保护、管理水资源（地下水和地表水）以及防治水害
《中华人民共和国水土保持法》	1991年发布，2009年修正，2010年修订	水土保持工作实行预防为主、保护优先、全面规划、综合治理等的方针
《中华人民共和国防洪法》	1997年发布，2009年修正，2015年修正，2016年修正	制定防洪规划，规定防洪区和防洪工程设施的管理以及如何做好防御和减轻洪涝灾害等
《中华人民共和国长江保护法》	2020年发布	从严压实长江流域生态环境责任；提出了“三线一单”（即环境质量底线、资源利用上线、生态保护红线和生态环境准入清单）的明确要求，明确了“四个禁止”；明确国家构建长江流域协调机制；统筹运用行政、民事、刑事3种责任方式从重从严处罚违法行为

续表

名称	时间	内容
《中华人民共和国黄河保护法》	2022 年发布	着力满足黄河流域生态保护的特殊需求，在明确适用范围、完善管理体制机制、完善规划与管控制度、健全生态保护与修复制度、强化水资源节约集约利用制度、完善水沙调控与防洪安全制度、健全适合黄河流域的污染防治制度、完善推动高质量发展制度、健全黄河文化保护传承弘扬制度、完善保障与监督制度、强化对违法行为的追责等方面作出了特殊的规定，为黄河流域生态保护和高质量发展提供了有力的法律保障

5.1.4 我国水市场管理机制

水市场管理机制是应用于水资源管理过程中并遵循市场经济规律的经济手段及工作机制（胡四一和王浩，2016）。其理论基础包括资源的稀缺性理论、公共物品理论、产权理论。

水市场建立的两块基石是水权转让（交易）制度和水价（胡四一和王浩，2016）。

5.1.4.1 水权转让（交易）制度

2005 年，水利部出台了《关于水权转让的若干意见》，对中国水权转让制度的基本框架作出了初步安排。2006 年新修订的《取水许可与水资源费征收管理条例》改变了取水许可不得转让的原有规定，在 27 条中规定："依法获得取水权的单位或者个人，通过调整产品和产业结构、改革工艺、节水等措施节约水资源的，在取水许可的有效期和取水限额内，经原审批机关批准，可以依法有偿转让其节约的水资源，并到原审批机关办理取水权变更手续。"该规定赋予了用水户在特定条件下可以转让自身水权的权利。2016 年，随着水利部出台的《水权交易管理暂行办法》，国家层面的水权交易制度雏形已形成。在该办法中对中国水权交易定义、类型、原则和条件以及监督检查做出了初步规定。2022 年，水利部联合国家发展和改革委员会、财政部，制定了《关于推进用水权改革的指导意见》，该意见中对水权交易类型从交易条件、主体和程序做了进一步的补充，并在完善水权交易平台和强化监管方面做出了规定。具体的内容为：

（1）水权转让（交易）的基本原则

根据《关于水权转让的若干意见》，水权转让（交易）的基本原则为：

1）水资源可持续利用的原则。水权转让既要尊重水的自然属性和客观规律，又要尊重水的商品属性和价值规律，适应经济社会发展对水的需求，统筹兼顾生活、生产、生态用水，以流域为单元，全面协调地表水、地下水、上下游、左右岸、干支流、水量与水质、开发利用和节约保护的关系，充分发挥水资源的综合功能，实现水资源的可持续利用。

2）政府调控和市场机制相结合的原则。水资源属国家所有，水资源所有权由国务院代表国家行使，国家对水资源实行统一管理和宏观调控，各级政府及其水行政主管部门依法对水资源实行管理。充分发挥市场在水资源配置中的作用，建立政府调控和市场调节相结合的水资源配置机制。

3）公平和效率相结合的原则。在确保粮食安全、稳定农业发展的前提下，为适应国家经济布局和产业结构调整的要求，推动水资源向低污染、高效率产业转移。水权转让必须首先满足城乡居民生活用水，充分考虑生态系统的基本用水，水权由农业向其他行业转让必须保障农业用水的基本要求。水权转让要有利于建立节水防污型社会，防止片面追求经济利益。

4）产权明晰的原则。水权转让以明晰水资源使用权为前提，所转让的水权必须依法取得。水权转让是权利和义务的转移，受让方在取得权利的同时，必须承担相应义务。

5）公平、公正、公开的原则。要尊重水权转让双方的意愿，以自愿为前提进行民主协商，充分考虑各方利益，并及时向社会公开水权转让的相关事项。

6）有偿转让和合理补偿的原则。水权转让双方主体平等，应遵循市场交易的基本准则，合理确定双方的经济利益。因转让对第三方造成损失或影响的必须给予合理的经济补偿。

（2）水权转让（交易）的条件和限制范围

《取水许可与水资源费征收管理条例》规定，所有转让的水权必须是依法取得且在有效期之内水权。另外《关于水权转让的若干意见》对水权转让范围做出了如下5条限制：

1）取用水总量超过本流域或本行政区域水资源可利用量的，除国家有特殊规定的，不得向本流域或本行政区域以外的用水户转让。

2）在地下水限采区的地下水取水户不得将水权转让。

3）为生态环境分配的水权不得转让。

4）对公共利益、生态环境或第三者利益可能造成重大影响的不得转让。

5）不得向国家限制发展的产业用水户转让。

（3）水权转让（交易）类型

《水权交易管理暂行办法》中规定，水权交易是指在合理界定和分配水资源使用权基础上，通过市场机制实现水资源使用权在地区间、流域间、流域上下游、行业间、用水户间流转的行为。《关于推进用水权改革的指导意见》根据相关法律法规和政策规定，结合地方近年来的实践做法，重点对推进3类用水权交易提出了政策要求。

1）推进区域水权交易。在交易条件和主体方面，对位于同一流域或者位于不同流域但具备调水条件的行政区域，县级以上地方人民政府或者其授权的部门、单位，可以对区域可用水量内的结余或预留水量开展交易。取用水达到或超过可用水量的地区，原则上应通过用水权交易满足新增用水需求。交易水量不占受让区域用水总量控制指标和江河水量分配指标。涉及流域管理机构直管河湖（河段）和直管工程的区域水权交易应征求流域管理机构意见，涉及调水工程的应征求调水工程管理单位意见。在交易程序方面，区域水权交易可采取公开交易或协议转让的方式进行。采取公开交易方式的，交易主体应当通过水权交易平台公告其转让或受让的意向，明确交易水量、交易期限、交易价格等。采取协议转让方式的，交易双方应当以具备相应能力的机构评估价作为基准价，协商确定交易水量、交易期限、交易价格，在水权交易平台签署协议成交。交易双方达成协议后，应将协议报共同的上一级水行政主管部门备案，其中跨水资源一级区、跨省区的交易应报相关流域管理机构和水利部备案。交易期满后，交易的用水权归还转让方，交易协议另有约定的，从其约定。

2）推进取水权交易。在交易条件和主体方面，取用水户通过调整产品和产业结构、改革工艺、节水等措施节约水资源的，在取水许可有效期和取水限额内可以有偿转让相应的取水权。对水资源超载地区，除合理的新增生活用水需求，其他新增用水需求原则上应通过取水权交易解决。在交易程序方面，开展取水权交易，交易转让方应当向其原取水审批机关提出申请，原取水许可审批机关应对节约水量的真实性、合理性等进行核定。取水权交易应通过水权交易平台进行，交易双方签订协议明确交易水量、交易期限、取水地点、取水用途、交易价格、违约责任、争议解决办法等。交易价格原则上综合考虑水资源稀缺程度、成本费用、合理收益等因素协商或竞价确定。交易完成后，交易双方应依法办理取水许可申请或变更手续。其中，交易期限不超过一年的，无须办理取水许可手续，审批机关在取水权交易批准文件中对交易后双方的许可水量、取水用途、年度取水计划等予以明确。跨区域的取水权交易，交易水量纳入转让方所在行政区用水总量考核。取水权交易期限在转让方取水许可有效期内的，交易期满后，交易的取水权归还转让方。

3）推进灌溉用水户水权交易。在交易条件和主体方面，灌溉用水户水权交易在灌区内部用水户或者用水组织之间进行。灌溉用水户有转让用水权意愿的，县级以上地方人民政府或其授权的水行政主管部门、灌区管理单位可以进行回购，在保障区域内农业合理用水需求的前提下，进行重新配置或交易。在交易程序方面，灌溉用水户可以通过信息化手段进行线上交易，交易信息应汇集到水权交易平台，也可通过村内公告栏、水管站、灌区管理单位等发布供求信息，自主开展交易。交易期限超过一年的，事前报灌区管理单位及县级以上地方人民政府水行政主管部门备案。交易、回购价格由交易双方协商确定，交易收益原则上归转让方所有，地方另有规定的从其规定。

在推进以上 3 类用水权交易的同时，鼓励地方将用水权交易作为生态产品价值实现、生态保护补偿的重要手段，完善水权交易机制。鼓励社会资本通过参与节水供水工程建设运营，转让节约的水权获得合理收益。鼓励将通过合同节水管理取得的节水量纳入用水权交易。因地制宜推进集蓄雨水、再生水、微咸水、矿坑水、淡化海水等非常规水资源交易，以及利用非常规水源置换的用水权交易。加强与金融机构沟通协调，协同研究探索通过用水权质押、抵押、担保等方式，为水资源节约保护和开发利用等提供融资支持。

（4）水权交易平台的完善

《关于推进用水权改革的指导意见》在完善水权交易平台方面，主要有两个方面的工作考虑：

1）建立健全水权交易系统。建立健全统一的全国水权交易系统，统一交易规则、技术标准、数据规范，统一部署、分级应用，进一步规范水权交易行为。按照国务院建立统一的公共资源交易平台工作部署，逐步将用水权交易纳入公共资源交易平台体系，加强信息资源共享互认，加快推进水权交易系统与取水许可电子证照等信息系统的互联互通，支撑用水权交易安全、高效、规范开展。

2）推进用水权相对集中交易。用水权交易应在国家和地方水权交易平台（包括已将水权交易纳入的地方人民政府推动建立的公共资源交易平台）进行，其中跨水资源一级区、跨省区的区域水权交易，流域管理机构审批的取水权交易，以及水资源超载地区的用水权交易原则上在国家水权交易平台进行。灌溉用水等小额交易可通过水权交易 APP 便捷开展。

（5）水权转让（交易）监管

《关于推进用水权改革的指导意见》在强化监测计量和监管方面规定：

1）强化取用水监测计量。流域管理机构和省级水行政主管部门要加快推进取用水监测计量体系建设，在重要断面、重要取水口配备相应的监测计量设施，地表水年取水许可水量50 万 m^3 以上、地下水取水许可水量 5 万 m^3 以上的原则上应安装在线监测计量设施。开展灌溉用水户水权交易，应有相应的灌溉计量条件作为基础，满足用水权交易的监测计量需求。各地区可结合实际进一步提高监测计量要求，为推进用水权初始分配和交易提供基础支撑。

2）强化水资源用途管制。县级以上人民政府或其授权的水行政主管部门，要根据本地区可用水量，综合考虑国土空间格局、城市发展规模、产业结构布局等因素，合理配置本地区的生活、生产和生态用水，严格水资源论证、取水许可审批和事中事后监管，防止用水权交易挤占基本生态用水和农田灌溉合理用水。取用水户应严格按照取水许可证或其他确认用水权文件上载明的用途取用水资源，未经批准不得擅自改变用途。

3）强化用水权交易监管。流域管理机构和省级水行政主管部门要按照管理权限切实加强对各类用水权交易实施情况的动态监管，重点跟踪检查用水权交易水量的真实性、交易程序的规范性、交易价格的合理性、交易资金的安全性等，及时组织开展交易水量核定、用水权交易评估工作。对监管中发现的未经批准擅自转让取水权、用水权交易弄虚作假、水权交易程序不规范等问题，将依法依规处理。水权交易平台运营单位要按照水利部制定的统一交易规则，规范交易行为，建立信息披露制度，主动接受社会监督，定期向有关水行政主管部门、金融监管等部门报告交易情况。

5.1.4.2 我国现有的水价类型和水价体系

我国现行的水价体系由水资源费、水利工程供水价格、城镇供水价格、污水处理费 4 个部分构成。学术界普遍将水价分为 3 个部分，即工程水价、资源水价和环境水价。工程水价可表现为水利工程供水价格和城镇供水价格。

1）水资源费。基于水资源有偿使用制度设立，是指在水资源为国家所有即全民所有的法律制度下，为实现所有者的权益，促进水资源的节约、保护和合理利用，保障水资源的可持续利用，国家向取用水资源的单位和个人收取水资源使用费的制度。

2）城镇供水价格。根据《城镇供水价格管理办法》规定，城镇供水实行分类水价。根据使用性质分为居民生活用水、非居民用水、特种用水 3 类。其中，非居民用水主要指工业、经营服务用水和行政事业单位用水、市政用水（环卫、绿化）、生态用水、消防用水等；特种用水主要包括洗车、以自来水为原料的纯净水生产、高尔夫球场用水等。目前我国城市水价常用的定价方法为平均成本法，由供水单位的收支平衡决定平均成本。居民生活用水实行阶梯价格制度，非居民用水及特种用水实行超定额累进加价制度。《城镇供水价格管理办法》还规定各地可以根据当地实际情况实行容量水价和计量水价相结合的两部制水价。

3）水利工程供水价格。《水利工程供水价格管理办法》规定，水利工程供水价格按供水对象分为农业用水水价和非农业用水水价。农业用水是指由水利工程直接供应的粮食作物、经济作物和水产养殖等用水；非农业用水是指由水利工程直接供应的除农业用水外的其他用水，其中供水力发电用水和生态用水价格由供需双方协商确定，生态用水价格参考供水成本协商。水利工程供水价格由国务院价格主管部门综合考虑供水成本、市场供求状况、国民经济与社会发展要求以及用户承受能力等，合理制定。新建重大水利工程实行基本水价和计量水价相结合的两部制水价，原有工程具备条件的可实行两部制水价。供水水源受季节影响较大的水利工程，供水价格可实行季节水价。除向水力发电、生态用水、城乡供水企业供水以外，水利工程向终端用水户直接供水的，应当实行定额管理，超定额用水实行累进加价。

4）污水处理费。消耗式的发展方式使得水体的自然净化能力已经无法消化污水排放所带来的生态危害。为实现可持续发展的目标，环境水价需考虑到污水处理成本和生态补偿成本。由于生态成本难以计量，缺乏统一的标准，因此目前我国的水价体系只纳入了污水处理费，还未加入生态补偿成本。按照《城镇排水与污水处理条例》规定，污水处理费应当纳入地方财政预算管理，专项用于城镇污水处理设施建设、运行和污泥处理处置，不得挪作他用。

5.1.5 我国水资源管理中存在的主要问题

5.1.5.1 集中统一管理不足，水管理体制不合理

长期以来，我国水资源管理呈现出“多龙治水”的特点，在职能上“部门分割”，无法有效形成水资源管理各职能部门之间信息资料合作共享、技术手段上横向联络互动、管理决策与实施协同一致的水资源管理机制。集中统一管理的理念无法切实可靠地实现。

目前，我国的水资源管理实行流域管理和行政区域管理相结合的水资源管理体制，实行五级管理。水资源管理体制未理顺，造成各职能部门对水资源管理的不协调与错位以及在管理的价值追求方面各有侧重从而导致内耗或者冲突等。目前流域管理机构存在职能单一、水资源和水环境管理体制存在明显冲突、利益相关方参与不足、公众利益得不到保障等体制问题。

5.1.5.2 相关法律制度不健全

目前《中华人民共和国水法》《中华人民共和国防洪法》《中华人民共和国水土保持法》《中华人民共和国水污染防治法》《中华人民共和国长江保护法》《中华人民共和国黄河保护法》6 部法律和大量水法规规章，基本涵盖水资源、水安全、水生态、水环境、流域保护治理等方面工作，水法律规范体系已经形成。但仍存在一些不足：

1）立法内容不协调。水资源保护立法过程中缺乏综合性考虑，在总体上不能形成协

调统一的规范体系，如我国相关法律法规中对水资源的规划、监督管理权等存在着职能重复、权限重叠、部门管理交叉的现象。

2）法律规定过于原则，可操作性差。在流域管理机构权利的规定上，《中华人民共和国水土保持法》《中华人民共和国防洪法》《中华人民共和国水污染防治法》均未给予流域管理机构应有的权利，流域机构对水资源分配、保护和监督的实际权力有限，在工作中处于被动地位，难以履行协调、监督、管理等职能。修订的《中华人民共和国水法》出台后，虽然确定了流域管理与行政区域管理相结合的管理体制，但只对流域管理作了原则性的规定，没有进一步明确流域机构的法律地位、职责、作用和权限。2020 年，中国首部有关流域保护的法律《中华人民共和国长江保护法》颁布，国家长江流域协调机制和长江流域地方协作机制是《中华人民共和国长江保护法》在流域综合管理体制的重大创新，但这些规定过于原则，并未通过相应的配套性立法进一步明确长江流域协调机制的组织形式、启动方式、协调方式、协调程序，以及不服从协调、怠于协调或协调不当的法律后果等（邱秋，2021），导致新的体制机制难以稳定有效运行。2022 年颁布的《中华人民共和国黄河保护法》是继《中华人民共和国长江保护法》后流域管理“实质法治化”的进一步发展，形成了“重大事项国家统筹+重点事项流域机构统管+相关事项省际协调合作”的流域治理管理新机制，但同样也需进一步明确黄河流域统筹协调机制的组织形式、协调方式等。在公众参与方面，现行水资源管理相关法律法规对公众参与制度的规定更多地停留在宣言式阶段，缺乏对公众参与水资源管理的具体方式方法、途径、权利保障机制、权利救济措施等方面的明确规定，使公众参与水资源管理制度不具备可操作性。

5.1.5.3 我国水市场管理机制有待完善

近年来，我国用水权市场改革探索虽取得了显著成效，但仍存在诸多制约瓶颈，主要体现在 5 个方面（景晓栋等，2022）。①法律依据与初始水权权属仍需进一步提升。主要表现在用水权交易法律制度亟待进一步完善、初始水权有待进一步明确和用水权确权成本较高。②用水权交易市场亟须进一步培育。目前的用水权市场供需矛盾突出；用水权市场“强政府—弱市场”特征明显，用水权交易的市场作用发挥不足。③用水权交易平台体系和功能仍需进一步完善。目前我国诸多用水权交易平台呈无序发展状态，各水权交易平台种类繁多、建设标准不一、运营主体缺位、专业人才短缺现象时常发生，此外，不同用水权交易平台彼此独立，交易信息不相互联通共享。④用水权交易价格的杠杆作用仍需进一步发挥。目前，用水权交易价格形成机制不完善，价格歧视现象时有发生，现有价格无法有效体现用水权真正内在价值。⑤水量监测体系和监管的短板仍需进一步补齐。目前全国工业企业生产用水和城乡居民生活用水监测体系基本完善，但农业作为用水量大户在用水量计量的准确性及用水量核定的时效性方面还有较大的提升空间。目前我国对用水权交易的监管主要以政府部门为主，缺乏专门的用水权交易监督管理机构，急需形成以政府为主导、取用水户为主体，社会组织和公众共同参与的水资源治理格局。

水价形成机制与水价体系尚需完善。改革开放以来，我国已经逐步确立了以“水资源有偿使用制度”为基础，以“补偿成本、合理收益、节约用水、公平负担”为原则的水利供水和城镇供水水价制度，形成了政府主导型的水价确定机制或水价形成机制。但这一水价制度和定价机制尚难以适应水资源市场化改革的需要，存在 3 点不足（王丙毅，

2019；刘方亮和陈琛，2021）。①以成本核算为基础的政府直接定价制度，难以全面反映水资源的供求关系和水资源的稀缺性。促进节约用水的价格形成机制仍未建立，水价调整路径还不够清晰。②水价的定价依据和水价构成有待完善。补偿成本、合理收益等定价原则还未能完全落实。有些供水水价和水价交易价格尚未包含环境成本及第三方效应补偿费用。③供水价格体系还不够健全，水利工程供水价格中两部制水价尚未完全建立，居民阶梯水价制度有待完善。

5.1.5.4 公众参与机制不健全

公众参与机制不健全，是中国水资源管理体制的薄弱环节之一。主要表现在（杨宁霞和黄涛珍，2021）：

1）我国政府部门和公民的公众参与意识薄弱。我国水资源的管理和保护，主要依靠政府部门，对政府的依赖性较强。政府部门也一直把公众或企业等相关者作为被管理对象，依靠出台政策或规章制度来规范企业和个人的行为。公民更认为水资源的管理和保护是政府的责任，对于自身和其他社会组织在环保方面应该做、能够做的工作缺乏清楚认识，缺乏参与的积极性。

2）缺乏公众参与的法律法规、规范性文件和相关措施。目前在我国水资源管理中公众参与的效果较差，公众容易走向拒绝参与和“曝光式”参与、“群体性事件式”参与两个极端。究其原因，一是没有法律法规的约束，主管当局可能从资金和时间成本等角度自行制定相关决策，并不咨询公众意见，缺乏一种强有力的监督和制约力量来控制主管当局的行为；二是缺乏详细的指导性文件或手册来指导政府部门和公众具体参与流域水资源管理，也会导致公众参与不能有效实施，无法获得预期目标；三是具体的水资源管理问题，缺乏具体的公众参与措施。

5.2 发达国家水资源管理经验借鉴

5.2.1 集中统一的管理机制

英国设立流域委员会集中管水。为了解决供水和水污染的问题，英国通过法律手段不断优化水资源的取水许可权管理以及水资源的开发、利用和保护工作。他们逐渐完善了管理体制，从过去的分散管理模式转向了以流域为中心的集中管理，从而实现了水资源的健康循环。在较大的河流区域，都建立了流域委员会、水务局或水公司，这些机构负责统一流域水资源的规划和水利工程的建设与管理。他们为用户提供水源，并进行污水的回收和处理，从而构建了一个“一条龙”的水管理服务体系，确保在水量、水质、水工程和水处理方面实现了真正的一体化管理。为满足水量水质要求，取水必须事先得到许可，污水必须经过处理达到法定的标准才能排入河流和湖泊。

美国田纳西流域整体管理模式。田纳西河是美国一条重要的河流，历史上曾经是水旱频繁、水土流失严重、经济非常落后的地区。1933 年，联邦政府颁布了一部法律，宣布成立田纳西河流域管理局，并赋予该机构广泛的权利来规划、开发和利用田纳西河流域的各种资源，以实现流域的综合治理、统一规划、统一开发和统一管理。经过长达 10 年的持续努力，田纳西流域管理局成功地建设了31个水利设施和21个大坝，有效地控制了洪水，增加了灌溉面积，推动了航运业务，发展了电力供应，并通过植树造林和水土保持措施，显著改善了当地的生态环境。通过综合治理，极大地促进了当地经济的发展，10年间流域居民的平均收入提高了9倍，创造了举世赞誉的田纳西奇迹。

以色列集中统一的管理体制。依据1959年颁布的《水法》，水资源是指泉水、溪流、江河、湖泊，以及所有其他各种水流和水面，不论是地面的还是地下的，自然的还是人工调节的，或者是已经开发的，也不论水是流动的还是静止的，是经常流淌的或间断流淌的（包括排水和排污）。政府对水资源的管理实行部长负责制，成立了由农业部长直接领导的“国家水委会”对全国水资源的保护与开发利用进行统一管理。

5.2.2 流域水资源管理科学立法

现代水法发展的一大趋势就是以流域为单位对水资源进行统一规划和监督管理，通过立法明确流域管理机构的法律地位、管制制度、管理职权等内容，以便为实施流域管理奠定良好的法律基础。美国、法国和日本在此方面的做法值得借鉴（江阿源，2011）。

美国：自1965年美国国会通过水资源规划法案，成立了全美水资源理事会，美国的分流域管理的制度便开始实施。目前，美国对水资源的流域管理赋予了更高的重视，并在流域管理的立法领域取得了显著的进展。目前，主流的流域管理法律包括《田纳西流域管理法》《特拉华河流域协定》《阿巴拉契科拉-查特胡奇-弗林特河流域法》《上密西西比河管理法》。

法国：1992年法国新修订的《水法》，将全国的水系分为6个主要流域，并在每个流域设立了流域委员会和流域水资源管理局，从而实现了对水资源的统一管理和高效利用。

日本：《河川法》的立法目的便在于以流域为单位对河流进行综合管理，根据《河川法》规定，一级河川由中央政府管理，建设大臣直接负责。“指定区间”内的一级河川可交由该河川所在地的首长行使部分管理权。二级河川由该河川所在都、道、府、县的首长行使管理权，但流经两个以上都、道、府、县边界的二级河川则通过有关都、道、府、县首长协调规定管理方法。准用河川由市、盯、村长行使管理权。

5.2.3 较为成熟的水权市场

发达国家的水权交易实践表明，明晰的产权界定是水权市场建设的基石，而完善的法律制度是保障。无论是在美国，还是在澳大利亚，水权的取得、变更、中止及其权责范围均有明确的法律规定并受法律保护。这些国家在进行水权制度设计时，不仅要保护私有水权所有人的权益，还要兼顾联邦和地方利益，同时避免产生负的外部效应（农业农村部软科学课题组，2018）。

发达国家经验之一是多元主体参与推进水权水市场发展（金海等，2021）。澳大利亚和美国水权市场主体除了农户、企业等用水户外，还包括以代理交易或投机盈利的经纪人（交易中介）、投资商和政府等。在交易方向上，灌溉用水户是最大的卖方，同时也是常见买方。水权交易可促进农业节水，节约出来的水可进行再次出售。

在具体的水权交易价格上，发达国家水权交易价格远高于取水费（即水资源费），澳大利亚新南威尔士州临时交易价格是取水费的数十倍到上百倍，永久交易可达数百或上千倍。卖方通过出售水权可以获取不菲的收益，积极性高（金海等，2021）。

发达国家具有比较完善的用水计量设施和水资源信息监测系统。在澳大利亚，很多开发程度较高的河流已普遍安装了水资源用水计量设施，设立了较完善的水资源信息监测系统，能有效预测年内和年际水资源使用总量和可分配总量，从而极大地提高了水权定量分配和管理的可操作性和有效性。例如，在新南威尔士州，流域地表水用水计量设施安装率达94%，地下水用水计量设施安装率达34%，建立了自动化和数字化的水资源信息监测系统，从而实现了水资源信息与社会大众通过相关网络平台的共享（付实，2020）。

水权市场良性运行离不开政府的引导和监管。发达国家有关政府部门基于法律规定负有监督管理的职能。澳大利亚建立了“联邦—州—灌区和水务公司”三级管理体系，联邦竞争与消费者委员会负责监管市场及交易价格，气象局负责交易信息的统计和发布；州水管理部门的水权登记平台负责交易审批及水权确权登记；灌区和水务公司也可以审批和管理范围内的交易，并提供交易平台。为推动水权交易，澳大利亚各级政府建立了水权市场信息平台，及时发布水权交易相关信息，供买卖双方参考，水管理部门还会根据实际情况调控交易数量或交易条件。美国州政府水管理部门主要负责水权交易的审批监管和水银行的运行（金海等，2021）。

5.2.4 较为完善的水价形成机制与水价体系

发达国家具有较为完善的水价形成机制与水价体系（刘方量和陈琛，2021）。

在水价构成上，澳大利亚、美国加利福尼亚州、以色列和印度仅包括服务收费，英国、法国同我国类似，除服务收费外还包含资源收费。

在监管体制方面，那些市场化改革深入的发达国家和地区都建立了自己的经济监督机构，并积极推进水价的改革进程。1989年，英国成为首个建立独立且专业的水务经济管理机构，也就是水务办公室，它主要负责发放取水许可证、审核价格以及制定相关的水价政策等任务。澳大利亚的大部分州都建立了专门负责水务经济的监管机构，这些机构的核心任务是确定和审查水价，并对定价流程进行监督，以确保其与定价原则相一致；在美国加利福尼亚州，公用事业委员会已经成立，其下属的水务和审计司主要负责制订相关的水价政策，并对各个供水企业的水价进行审查。

在定价原则上，成本回收原则是各国在制定水价时都考虑的原则之一，水资源的经济属性要求只有当服务收益能保证项目投资、维持水经营单位的正常运行时，水投资单位的积极性才能得以提高，同时能促进其他渠道资金对水资源开发利用的投入。澳大利亚的“定价下限”和美国加利福尼亚州设定的资本收益率是两个较为典型的例子，它们均通过在供水成本的基础上，限制合理的利润进而实现成本回收。公平性原则通过两种方式体现。一是对水价进行限制，防止垄断。澳大利亚设置“定价上限”，确保水价不得超过回收、运营、维护和管理成本、外部性、税收、债务利息成本、股息、资产消耗成本和资本投资成本。美国加利福尼亚州根据供水企业规模设置资本收益率的上限，英国与美国类似设置了“价格帽”制度，通过最高价格管制，防止垄断产生。二是通过水价减免或水费补贴，保障低收入群体用水。英国对弱势用水户群体实施了水保障计划、社会费用计划和直供水计划，通过水价减免社会福利金代付减轻水费压力。高效配置原则从水资源的稀缺性出发，促使水资源流向更高的价值。印度、以色列、美国加利福尼亚州和澳大利亚都设置了递增的阶梯水价，美国加利福尼亚州和澳大利亚同时还设置了固定加计量的“两部制”水价。可持续发展原则在水价方面的主要体现为资源水价和环境水价两部分。英国、法国实施了资源水价，分别为水资源费和水税。英国、美国加利福尼亚州、以色列和法国都将环境水价纳入水价的综合测算中，并主要以排污税（费）的形式体现。

发达国家通常都在制度中规定了清晰的定价过程和成熟的调价机制。英国、美国加利福尼亚州和法国的水价制定过程大致分为供水企业的定价方案申请、水价制定方案的审查和最终价格方案的公布和实施 3 个阶段。不同的是，英国的定价方案审查通过第三方的公司进行，而美国加利福尼亚州和法国则是通过政府的相关部门进行审查。英国、澳大利亚的昆士兰州和维多利亚州设定 5 年为一个调整周期，美国加利福尼亚州则是按照供水企业规模的大小分别实行 3 年和 5 年的价格审查和调整规定，法国的供水服务以公私合营为主，因此其调价程序一般在合同期满后进行，以色列则通过《水法》规定了一些民生相关指标变化率 3.5%的调整触发条件。

5.2.5 推动公众参与水管理

在典型国家的治水法律法规体系中，公众参与已经成为治水工作有效开展的必要条件（范卓玮和邵天一，2022）。鼓励公众参与监督治水相关工作的开展与制度的拟定，已成为各发达国家治水法律法规体系构建的重要组成部分。例如，从 1969 年美国规定的环境影响评价（EIA）制度，到 2000 年欧盟的《欧盟水框架指令》，再到 2003 年日本的《增进环保热情及推进环境教育法》，都加强了公众的环境保护认识。

发达国家积极推动公众参与水资源管理和培养公众节水意识。如在水价定价过程中，英国、美国加利福尼亚州和法国均在不同阶段进行了公众参与，美国加利福尼亚州是在水价制定方案审查之后进行听证会，英国、法国则是在第一阶段的方案制定时就有用水户代表的参与（刘方量和陈琛，2021）。澳大利亚为提高社会大众的参与积极性和节水意识，一方面给社会公众提供参与平台，如成立民间机构和组织（社区咨询委员会、农牧民协会、其他行业团体等），吸引公众参与这些平台并积极献计献策；另一方面，推行“水共享计划”等水资源管理和节约行动，吸引公众参与到水管理和水节约活动中（付实，2020）。

5.3 中国水资源管理方向与对策建议

5.3.1 积极推进以流域为基础的水资源管理体制改革

流域是一个完整的生态系统，在流域保护、开发和利用方面，只有将流域作为一个空间单元进行统一管理才是最科学、最有效的。未来应在现行的流域管理与区域管理相结合的管理模式基础上，遵循流域整体性和复杂性规律，建立中央、流域及地方三层管理制度，层级间上下联动，层级内沟通协调，形成统分结合、整体联动的管理体制。中央层面建立的流域协调机制是具有决策权力的议事机构，其职能人员由国务院相关行政主管部门、流域各省级人民政府等方面的代表组成；主要职责聚焦审批权、决策权、协调权、监督权，主要起协调、沟通、监督的作用。流域层面，各流域机构应积极建立协同合作机制，在国家协调机制和地方政府协作机制之间承上启下，协同推进流域水资源保护重点工作。地方层面，相关省市根据需要在地方性法规和政府规章制定、规划编制、监督执法等方面建立协作机制，各行政区从流域系统性和整体性出发，加强跨省河湖联防联控，强化联合执法检查，加强联合监测与信息共享，推进联防联控监督考核与奖励激励等（许继军和陈述，2022）。

5.3.2 推进科学立法，健全完善水法律规范体系

党的二十大报告要求“推进科学立法、民主立法、依法立法，统筹立改废释纂，增强立法系统性、整体性、协同性、时效性”。要适应经济社会发展和新时期治水要求，科学谋划水法律规范体系顶层设计，健全完善水法律规范体系，以高质量立法推动全面依法治水。推进科学立法，健全完善水法律规范体系主要表现在以下两个方面：

1）现有法律的修订。随着经济社会发展和新时期治水工作的需要，《中华人民共和国水法》《中华人民共和国防洪法》等治水基本法应尽快全面修订（张伟国，2023）。

2）查缺补漏。对于目前尚缺乏或薄弱的法律规范应及时研究制订，进一步健全完善水法律规范体系，确保治水各项工作有法可依。例如，为加强水生态环境保护、推进生态文明建设，可研究制订“水生态环境保护”法律或行政法规（张伟国，2023）；在“最严格水资源管理”制度建设方面，可形成专门立法（闻刚，2023）；在节水优先的形势和方针政策下，关于水资源节约应有一部专门的法律（胡四一和王浩，2016）。此外，在流域法治建设进程中，有关部门和地方应加快制定或修订《中华人民共和国长江保护法》《中华人民共和国黄河保护法》配套法规规章，完善长江、黄河流域法治体系；积极推进松花江、辽河、海河、淮河、珠江等国家其他重要流域法治建设，加快立法研究工作，争取制定各流域综合性法律法规；全面开展地方流域法治建设。各地应针对本地区江河湖泊流域，在立法权限内单独立法或联合立法，因地制宜、因河施策、因水立法，同时发挥执法、司法、公众参与等作用，建立完善的地方流域法治体系（张伟国，2023）。

5.3.3 建立“归属清晰、权责明确、流转顺畅和监管有效”的全国统一用水权交易市场建设目标体系

主要从以下 4 个方面建立全国统一用水权交易市场建设目标体系（田贵良，2023）：

1）强化用水权初始分配与用水权保护制度。在用水权初始分配中探索引入市场机制和有偿取得，并充分运用法律和技术手段严格保护用水权。

2）实行全国统一用水权交易市场准入制度。建立统一的用水权交易信息发布机制，严格把控用水权交易市场的准入关。

3）推动用水权交易平台的优化升级。构建国家—流域—地方多层次统一的全国用水权交易平台体系；推进交易全流程电子化和拓展用水权金融衍生品市场。

4）强化全国统一用水权交易市场监督管理制度。加强用水权市场监管行政立法工作，完善市场监管程序，加强用水权市场监管标准化规范化建设。充分发挥中国水权交易所国家平台的专业化指导作用，对违反用水权交易市场规则的用水行为进行监督和查处，形成政府监管、平台自律、行业自治、社会监督的多元治理新模式（田贵良和周慧，

2017；田贵良，2018a)，对于严重违反用水权交易市场规则的用水户，进行行政处罚，并视情况由水行政主管部门无偿收回用水权，并重新配置。

5.3.4 持续推进水价深化改革

新时期，水价改革应从 4 个方面开展（田贵良，2018b；刘方亮和陈琛，2021)：

1）市场决定水资源配置，更好发挥政府作用。水资源兼有商品和公共产品的双重特征。因此，在水价制定方面需要政府、市场两手协同发力。政府应转变原先既是经营者又是监督者的管理模式，从水资源的具体经营事务中抽出身来，承担起市场监督者和公共服务提供者的责任，简政放权，尽量缩小定价范围，积极推广民主协商的定价制度。在定价方向上必须坚持全成本定价，减少政府对水价的“暗补”，逐步提高供水价格水平，建立覆盖供水成本、反映市场供求和资源稀缺程度的价格形成机制。建立清晰的水价调整路径，明确各个程序的执行机构和时间安排，规范水价调整程序，完善和落实水价调整机制。

2）优化水价结构，促进生态文明建设。加快落实成本回收原则，成本的边界也可以逐步扩大，从基本的运营维护成本逐渐扩展至资金成本，最终包含生态环境成本。

3）全面执行和落实《水利工程供水价格管理办法》。一是严格按照《水利工程供水价格管理办法》的规定，核定供水的水利工程供水价格，要严格按照“激励约束并重、用户公平负担、发挥市场作用”的原则制定，并根据供水成本、费用及市场供求的变化情况适时调整。二是加快推进“两部制”水价。各地应该按照水利工程供水运行和管理情况，科学制定基本水价和计量水价制定的原则和标准。三是结合水利供水管理单位体制改革，借鉴以色列的经验，建立两个政策导向的水利工程供水价格体系，即在水利工程供水成本高的地区，加快建立政府财政补贴的水利工程供水价格体系，在水利工程供水成本低的城市，按照核定价格全面征收水利工程供水价格。

4）加快推进农业水价综合改革（刘方亮和陈琛，2021)。由于我国农业生产特点，农业水价改革尚未形成适合我国农业用水特点和促进农业节水的水价形成机制。借鉴以色列、印度等农业水价经验，应建立健全农业水价形成机制，开展分级分类定价，即根据灌区级别，综合考虑供水成本、水资源稀缺程度以及用户承受能力等，区别粮食作物、经济作物、养殖业等不同用水类型分级分类制定农业水价；在完善水价形成机制的基础上，对于供水成本较高，超出农户用水承受能力的，进一步完善农业用水补贴机制；加快推进节水灌溉，建立节水奖励机制；加快供水计量体系建设配套计量设施。

5.3.5 健全公众参与机制

我国可从以下 2 个方面健全公众参与机制（杨宁霞和黄涛珍，2021)：

1）增强政府部门和公民的公众参与意识。应制定一套自上而下的顶层设计，提高主管当局的公众参与意识，并通过多样化的宣传方式、加大宣传力度等手段，吸引公众关注，培养公众参与水资源管理的意识。

2）制定公众参与的法律法规、规范性文件和相关措施。一是出台相关法律，为公众在水资源管理中的参与提供明确的机制，确保公众的权益得到保障，并为那些不组织公众参与水资源管理的行为制定具体的法律责任条款。二是需要制定指导公众参与的具体文件或手册，建立公众参与政策框架。以便完善公众参与实施细则，加强对公众参与的规范化指导。三是根据具体的水资源管理问题，做出具体的公众参与措施。具体包括：识别需要公众参与的项目，确定公众参与过程最终需要达成的目标；确定公众参与的范围；确定公众参与的级别；在公众参与过程中与公众积极沟通，获取公众的知识、经验和意见，并及时给予反馈；在发布最终决策之前，将可选择的决策方案公之于众，并详细说明哪些决策的制定采用了公众的意见，再根据公众的反馈决定将实施的最终决策方案。

参考文献及资料

边毫. 2021. 2030年中国水资源需求预测[D]. 中国地质大学(北京).

曹丽格. 2013. 辽河流域气候变化及其对径流量的影响研究[D]. 中国气象科学研究院.

曹丽娟, 董文杰, 张勇. 2013. 未来气候变化对黄河和长江流域极端径流影响的预估研究[J]. 大气科学, 37(3): 634-644.

陈崇德, 王玉才, 胡小梅. 2009. 漳河水库流域生态环境需水量预测研究[J]. 水利规划与设计, (5): 25-27.

陈晓清, 侯保灯, 周毓彦, 等. 2021. 中国地理分区用水结构时空演变对比分析[J]. 中国农村水利水电, (6): 78-85+90.

丁相毅, 贾仰文, 王浩, 等. 2010. 气候变化对海河流域水资源的影响及其对策[J]. 自然资源学报, 25(4): 604-613.

董李勤, 章光新, 张昆. 2015. 嫩江流域湿地生态需水量分析与预估[J]. 生态学报, 35(18): 6165-6172.

樊良新. 2014. 渭河流域关中地区农村居民生活用水行为研究[D]. 西北农林科技大学.

范卓玮, 邵天一. 2022. 典型国家治水法律法规演进研究及相关建议[J]. 水利发展研究, 22(8): 71-76.

付实. 2020. 澳大利亚水权制度特点及经验借鉴[J]. 国际瞭望, (2): 98-102.

傅金祥, 潘海宾, 马兴冠. 2008. 灰色残差模型与递补模型对比及在城市需水量预测中的应用[J]. 给水排水, 34: 111-113.

高冰. 2012. 长江流域的陆气耦合模拟及径流变化分析[D]. 清华大学.

高超, 曾小凡, 苏布达, 等. 2010. 2010—2100年淮河径流量变化情景预估[J]. 气候变化研究进展, 6(1): 15-21.

高超, 陆苗, 张勋, 等. 2016. 淮河流域上游地区径流对气候变化的响应分析[J]. 华北水利水电大学学报(自然科学版), 37(5): 28-32.

耿思敏, 刘定湘, 夏朋. 2022. 从国内外对比分析看我国用水效率水平[J]. 水利发展研究, 22(8): 77-82.

郭生练, 郭家力, 侯雨坤, 等. 2015. 基于Budyko假设预测长江流域未来径流量变化[J]. 水科学进展, 26(2): 151-160.

郝振纯, 鞠琴, 王璐, 等. 2011. 气候变化下淮河流域极端洪水情景预估[J]. 水科学进展, 22: 605-614.

贺骥, 董藩, 刘毅. 2005. 试析我国水资源管理的对策[J]. 中国水利, (5): 43-45.

贺瑞敏, 张建云, 鲍振鑫, 等. 2015. 海河流域河川径流对气候变化的响应机理[J]. 水科学进展, 26: 1-9.

胡德秀, 杨杰. 1999. 城市需水量的灰色非线性预测[J]. 电网与清洁能源, 15: 23-27.

胡四一, 王浩. 2016. 中国水资源[M]. 郑州: 黄河水利出版社.

黄修桥. 2005. 灌溉用水需求分析与节水灌溉发展研究[D]. 西北农林科技大学.

贾绍凤, 张士锋, 杨红, 等. 2004. 工业用水与经济发展的关系: 用水库兹涅茨曲线[J]. 自然资源学报, 30(3): 279-284.

贾绍凤, 张杰. 2011. 变革中的中国水资源管理[J]. 中国人口·资源与环境, 21 (10): 102-106.

贾振亚. 2017. 基于BP-神经网络的晋中市需水预测及水资源优化配置[D]. 太原理工大学.

江阿源. 2011. 各国水资源立法保护之比较研究[J]. 法制与社会:旬刊, (18): 25-30, 41.

金海, 伊璇, 朱绛, 等. 2021. 从水权交易国际经验看我国水权市场未来发展[J]. 中国水利, (14): 59-62+58.

金君良, 王国庆, 刘翠善, 等. 2016. 气候变化下海河流域未来水资源演变趋势[J]. 华北水利水电大学学报(自然科学版), 37(5): 1-6.

金君良, 何健, 贺瑞敏, 等. 2017. 气候变化对淮河流域水资源及极端洪水事件的影响[J]. 地理科学, 37(8): 1226-1233.

金兴平, 黄艳, 杨文发, 等. 2009. 未来气候变化对长江流域水资源影响分析[J]. 人民长江, 40(8): 35-38.

景晓栋, 田贵良, 胡豪, 等. 2022. 我国水权交易市场改革实践探索: 演进过程、模式经验与发展路径——兼析全国统一用水权交易市场建设实践[J]. 价格理论与实践, (9): 83-88.

李峰平. 2015. 变化环境下松花江流域水文与水资源响应研究[D]. 中国科学院大学.

李强, 王莉芳, 贾晓猛. 2015. 基于EKC的水资源利用与经济增长关系研究[J]. 科技和产业, 15(4): 133-136.

李小平. 2007. 神东矿区水资源现状及未来需求预测和对策[J]. 内蒙古水利, (2): 64-65.

梁仁君, 林振山, 陈玲玲. 2005. 我国水资源需求量动力学预测及对策建议[J]. 长江流域资源与环境, (6): 32-36.

刘昌明，陈志恺. 2001. 中国水资源现状评价和供需发展趋势分析[M]. 北京：中国水利水电出版社.
刘迪. 2009. 区域灌溉用水影响因素定量分析及需求预测[D]. 郑州大学.
刘方亮，陈琛. 2021. 典型国家水价形成机制的经验与启示[J]. 水利发展研究，21(12)：70-74.
刘永婷，徐光来，高超，等. 2018. 淮河上游径流演变规律及其对气候驱动因子的响应[J]. 水土保持通报，38(3)：8-13.
农业农村部软科学课题组. 2018. 美澳日水权制度与水权交易的经验启示[J]. 农村工作通讯，(7)：59-62.
潘文祥. 2017. 城市家庭生活用水特征与过程精细化模拟研究[D]. 西北农林科技大学.
邱秋. 2021. 多重流域统筹协调：《长江保护法》的流域管理体制创新[J]. 环境保护，49(3)：30-35.
宋建军，张庆杰，刘颖秋. 2004. 2020年我国水资源保障程度分析及对策建议[J]. 中国水利，(9)：14-17+5.
唐登银，罗毅，于强. 2000. 农业节水的科学基础[J]. 灌溉排水，19(2)：1-9.
唐芳芳，徐宗学，左德鹏. 2012. 黄河上游流域气候变化对径流的影响[J]. 资源科学，34(6)：1079-1088.
田贵良. 2018a. 新时代国有自然资源资产监管体制改革的经济学逻辑[J]. 甘肃社会科学，(2)：237-243.
田贵良. 2018b. 我国水价改革的历程、演变与发展——纪念价格改革40周年[J]. 价格理论与实践，(11)：5-10.
田贵良. 2023. 全国统一用水权交易市场的内涵与运行机制研究[J]. 水利发展研究，23(2)：20-26.
田贵良，周慧. 2017. 效率与公平视角的水权交易监督管理构成要素与制度框架[J]. 水利经济，35(4)：28-33.
汪美华，谢强，王红亚. 2003. 未来气候变化对淮河流域径流深的影响[J]. 地理研究，22：1-10.
王安建，王高尚，张建华. 2002. 矿产资源与国家经济发展[M]. 北京：地震出版社.
王安建，王高尚，陈其慎，等. 2008. 能源与国家经济发展[M]. 北京：地质出版社.
王安建，王高尚，陈其慎，等. 2010. 矿产资源需求理论与模型预测[J]. 地球学报，31(2)：137-147.
王安建，王高尚，周凤英. 2017. 能源和矿产资源消费增长的极限与周期[J]. 地球学报，38(1)：3-10.
王丙毅. 2019. 水权界定、水价体系与中国水市场监管模式研究[M]. 北京：经济科学出版社.
王高尚，代涛，柳群义. 2017. 全球矿产资源需求周期与趋势[J]. 地球学报，38(1)：11-16.
王高旭，魏俊彪，赵宏臻，等. 2012. 我国未来时期径流对气候变化的响应[J]. 水资源研究，(1)：380-387.
王国庆，金君良，王金星，等. 2011. 辽宁流域径流对气候变化的响应特征研究[J]. 地球科学进展，26(4)：433-440.
王浩，汪林，杨贵羽，等. 2018. 我国农业水资源形势与高效利用战略举措[J]. 中国工程科学，20：9-15.
魏洁，畅建霞，陈磊. 2016. 基于VIC模型的黄河上游未来径流变化分析[J]. 水力发电学报，35(5)：65-74.
魏雪梅，张世英. 2003. 城市需水预测方法研究[J]. 河北工业大学学报，32：75-79.
闻刚. 2023. 水法规体系的现状与完善构想[J]. 法制博览，(12)：103-105.
吴大光，王高旭，魏俊彪，等. 2011. 海河流域径流演变规律及其对气候变化的响应[J]. 水科学与工程技术，(6)：11-14.
吴泽宁，张海君，王慧亮. 2020. 基于不同预测方法组合的郑州市工业需水量评价[J]. 水电能源科学，38(3)：46-48
肖恒，陆桂华，吴志勇，等. 2013. 珠江流域未来30年洪水对气候变化的响应[J]. 水利学报，44(12)：1409-1419.
徐震. 2020. 气候变化下淮河地区径流响应研究[D]. 扬州大学.
许继军，陈述. 2022. 新时期长江流域水资源保护利用管理体制机制研究[J]. 长江科学院院报，39(7)：1-6.
许莹莹. 2022. 工业用水库兹涅茨曲线及其形成机制[J]. 长江科学院院报，39(2)：28-34.
薛颖，高超，张勋，等. 2017. 淮河上游干流径流量对不同气候要素变化的响应研究[J]. 水文，37(3)：22-28.
闫强，王安建，王高尚，等. 2011. 铀矿资源概况与2030年需求预测[J]. 中国矿业，20(2)：1-5.
杨宁霞，黄涛珍. 2021. 欧盟公众参与流域管理原则对中国的启示[J]. 生态经济，37(8)：188-192.
姚建文，徐子恺，王建生. 1999. 21世纪中叶中国需水展望[J]. 水科学进展，(2)：91-95.
袁飞，谢正辉，任立良，等. 2005. 气候变化对海河流域水文特性的影响[J]. 水利学报，36(3)：274-279.
曾小凡，周建中. 2010a. 长江流域年平均径流对气候变化的响应及预估[J]. 人民长江，41(12)：80-83.
曾小凡，周建中. 2010b. 2011—2050年松花江流域径流预估[J]. 水电能源科学，28(10)：13-15+165.
张兵兵，沈满洪. 2016. 工业用水库兹涅茨曲线分析[J]. 资源科学，38(1)：102-109.
张国强. 2017. 汾河流域工业需水预测分析[J]. 山西水利，(1)：20-21.
张伟国. 2023. 水法治建设简论[J/OL]. 水利发展研究. https://kns.cnki.net/kcms2/detail/11.4655.TV.20230609.1742.026.html.
赵乾斌. 2014. 气候变化对中国作物产量和虚拟水含量的影响[D]. 北京林业大学.

周雯晶. 2018. 中国主要农作物的理论灌溉效率及其节水潜力研究[D]. 华北水利水电大学.

Deoreo W B, Mayer P W. 2012. Insights into declining single family residential water demands [J]. Journal American Water Works Association, 104: 41-42.

Deoreo W B, Mayer P W, Dziegielewski B, et al. 2016. Residential end uses of water, Version 2 [R]. Denver: Water Research Foundation.

Duarte R, Pinilla V, Serrano A. 2013. Is there an environmental Kuznets curve for water use? A panel smooth transition regression approach [J]. Economic Modelling, 31: 518-527.

Gu A, Zhang Y, Pan B. 2017. Relationship between industrial water use and economic growth in China: Insights from an environmental Kuznets curve [J]. Water, 9: 556. https://doi.org/10.3390/w9080556.

Hermitte S M, Mace R E. 2012. The grass is always greener··· outdoor residential water use in texas. Austin (Texas): Texas Water Development Board[R]. Technical Note 12-01. Available from: http://www.twdb.texas.gov/publications/reports/technical_notes/doc/SeasonalWaterUseReport-final.pdf.

Huang Z, Yang H, Yang D. 2016. Dominant climatic factors driving annual runoff changes at the catchment scale across China [J]. Hydrology and Earth System Sciences, 20(7): 2573-2587.

Ju Q, Hao Z, Ou G, et al. 2012. Impact of global climate change on regional water resources: A case study in the Huai River Basin [J]. Climate Models, 87.

Katz D. 2015. Water use and economic growth: Reconsidering the environmental Kuznets curve relationship[J]. Journal of Cleaner Production, 88: 205-213.

Li H, Shi C, Zhang Y, et al. 2019. Using the Budyko hypothesis for detecting and attributing changes in runoff to climate and vegetation change in the soft sandstone area of the middle Yellow River Basin, China [J]. Science of the Total Environment, 703: 135588. Doi:10.1016/j.scitotenv.2019.135588.

Li J, Chen Y, Zhang L, et al. 2016. Future changes in floods and water availability across China: Linkage with changing climate and uncertainties [J]. Journal of Hydrometeorology, 17(4): 1295-1314.

Li L, Shen H, Dai S, et al. 2013. Response of water resources to climate change and its future trend in the source region of the Yangtze River [J]. Journal of Geographical Sciences, 23(2): 208-218.

Liu J, Zhang Q, Zhang Y, et al. 2017. Deducing climatic elasticity to assess projected climate change impacts on streamflow change across China [J]. Journal of Geophysical Research: Atmospheres, 122 (19): 10228 - 10245. Doi: 10.1002/2017JD026701.

Liu J, Chen J, Xu J, et al. 2019. Attribution of runoff variation in the headwaters of the Yangtze River based on the Budyko hypothesis [J]. International Journal of Environmental Research and Public Health, 16 (14): 2506. Doi: 10.3390/ijerph16142506.

Liu L, Liu Z, Ren X, et al. 2011. Hydrological impacts of climate change in the Yellow River Basin for the 21st century using hydrological model and statistical downscaling model [J]. Quaternary International, 244: 211-220.

Liu L, Jiang T, Xu J, et al. 2012. Responses of hydrological processes to the climate change in the Zhujiang River Basin in the 21st century [J]. Advances in Climate Change Research, 3(2): 84-91.

Liu L, Jiang T, Xu H, et al. 2018. Potential threats from variations of hydrological parameters to the Yellow River and Pearl River Basins in China over the next 30 years [J]. Water, 10(7): 883. Doi:10.3390/w10070883.

Mayer P W, Deoreo W B, Opitz E M, et al. 1999. Residential end uses of water [R]. USA: AWWA Research Foundation and American Water Works Association.

Meng D, Mo X. 2012. Assessing the effect of climate change on mean annual runoff in the Songhua River Basin, China [J]. Hydrological Processes, 26(7): 1050-1061.

Munasinghe M. 1999. Is environmental degradation an inevitable consequence of economic growth: Tunneling through the environmental Kuznets curve[J]. Ecological Economics, 29(1): 89-109.

Patterson L A, Lutz B, Doyle M W. 2013. Climate and direct human contributions to changes in mean annual streamflow in the South Atlantic, USA [J]. Water Resources Research, 49: 7278-7291.

Polebitski A S, Palmer R N. 2010. Seasonal residential water demand forecasting for census tracts [J]. Journal of Water Resources Planning & Management, 136(1): 27-36.

Rock M T. 1998. Freshwater use, freshwater scarcity, and socio-economic development[J]. Journal of Environment and Development, 7(3): 278-301.

Romano M, Kapelan Z. 2014. Adaptive water demand forecasting for near real-time management of smart water distribution systems [J]. Environmental Modelling & Software, 60: 265-276.

Su B, Zeng X, Zhai J, et al. 2014. Projected precipitation and streamflow under SRES and RCP emission scenarios in the Songhuajiang River Basin, China [J]. Quaternary International, 380-381: 95-105.

Sun S, Chen H, Ju W, et al. 2013. Effects of climate change on annual streamflow using climate elasticity in Poyang Lake Basin, China [J]. Theoretical and Applied Climatology, 112: 169-183.

Tang Y, Tang Q, Tian F, et al. 2013. Responses of natural runoff to recent climatic variations in the Yellow River Basin, China [J]. Hydrology and Earth System Sciences Discussions, 10(4): 4489-4514.

Wang D, Hejazi M. 2011. Quantifying the relative contribution of the climate and direct human impacts on mean annual streamflow in the contiguous United States [J]. Water Resources Research, 47: W00J12. doi:10.1029/2010WR010283.

Wang G, Zhang J, Jin J, et al. 2012. Assessing water resources in China using PRECIS projections and a VIC model [J]. Hydrology and Earth System Sciences, 16: 231-240.

Wang G, Zhang J, Jin J, et al. 2017. Impacts of climate change on water resources in the Yellow River Basin and identification of global adaptation strategies [J]. Mitigation & Adaptation Strategies for Global Change, 22(1): 67-83.

Wang Y, Yang X, Zhang M, et al. 2019. Projected effects of climate change on future hydrological regimes in the upper Yangtze River Basin, China [J]. Advances in Meteorology, (1):1-14. Doi:10.1155/2019/1545746.

Wu C, Hu B X, Huang G, et al. 2018. Responses of runoff to historical and future climate variability over China [J]. Hydrology and Earth System Sciences, 22(3): 1971-1991.

Wu Z, Xiao H, Lu G, et al. 2015. Assessment of climate change effects on water resources in the Yellow River Basin, China [J]. Advances in Meteorology, (1):1-8. Doi:10.1155/2015/816532.

Wu Z, Xu Z, Wang F, et al. 2018. Hydrologic evaluation of multi-source satellite precipitation products for the upper Huaihe River Basin, China [J]. Remote Sensing, 10(6): 840. Doi:10.3390/rs10060840.

Xing W, Wang W, Zou S, et al. 2018. Projection of future runoff change using climate elasticity method derived from Budyko framework in major basins across China [J]. Global and Planetary Change, 162: 120-135.

Xu X, Yang D, Yang H, et al. 2014. Attribution analysis based on the Budyko hypothesis for detecting the dominant cause of runoff decline in Haihe Basin [J]. Journal of Hydrology, 510: 530-540.

Yan D, Werners S E, Ludwig F, et al. 2015. Hydrological response to climate change: The Pearl River, China under different RCP scenarios [J]. Journal of Hydrology: Regional Studies, 4: 228-245.

Yan Z, Zhou Z, Liu J, et al. 2020. Ensemble projection of runoff in a large-scale basin: Modeling with a global BMA approach [J]. Water Resources Research, 56(7). Doi:10.1029/2019wr026134.

Yang X, Zheng W, Ren L, et al. 2018. Potential impact of climate change to the future streamflow of Yellow River Basin based on CMIP5 data [J]. Proceedings of the International Association of Hydrological Sciences, 376: 97-104.

Yuan Z, Yan D, Yang Z, et al. 2016. Attribution assessment and projection of natural runoff change in the Yellow River Basin of China [J]. Mitigation & Adaptation Strategies for Global Change, 23: 27-49.

Zhang D, Liu X, Zhang Q, et al. 2016. Investigation of factors affecting intra-annual variability of evapotranspiration and streamflow under different climate conditions [J]. Journal of Hydrology, 543: 759-769.

Zhang Q, Liu J, Singh V P, et al. 2017. Hydrological responses to climatic changes in the Yellow River Basin, China: Climatic elasticity and streamflow prediction [J]. Journal of Hydrology, (40). Doi: https://doi.org/10.1016/j.jhydrol.2017.09.040.

Zheng H, Zhang L, Zhu R, et al. 2009. Responses of streamflow to climate and land surface change in the headwaters of the Yellow River Basin [J]. Water Resources Research, 45(7): 641-648.

Zhou X, Zhang Y, Yang Y. 2015. Comparison of two approaches for estimating precipitation elasticity of streamflow in China's main river basins [J]. Advances in Meteorology, (1): 924572. Doi:http://dx.doi.org/10.1155/2015/924572.

Zhou Y, Lai C, Wang Z, et al. 2018. Quantitative evaluation of the impact of climate change and human activity on runoff change in the Dongjiang River Basin, China [J]. Water, 10:571. Doi:10.3390/w10050571.